Metrologia na Indústria

CÓPIA NÃO AUTORIZADA É CRIME
ABDR
ASSOCIAÇÃO BRASILEIRA DE DIREITOS REPROGRÁFICOS
RESPEITE O DIREITO AUTORAL
EDITORA AFILIADA

Seja Nosso Parceiro no Combate à Cópia Ilegal

A cópia ilegal é crime. Ao efetuá-la, o infrator estará cometendo um grave erro, que é inibir a produção de obras literárias, prejudicando profissionais que serão atingidos pelo crime praticado.

Junte-se a nós nesta corrente contra a pirataria. Diga não à cópia ilegal.

Seu Cadastro É Muito Importante para Nós

Ao preencher e remeter a ficha de cadastro constante em nosso site, você passará a receber informações sobre nossos lançamentos em sua área de preferência.

Conhecendo melhor nossos leitores e suas preferências, vamos produzir títulos que atendam suas necessidades.

Obrigado pela sua escolha.

Fale Conosco!

Eventuais problemas referentes ao conteúdo deste livro serão encaminhados ao(s) respectivo(s) autor(es) para esclarecimento, excetuando-se as dúvidas que dizem respeito a pacotes de softwares, as quais sugerimos que sejam encaminhadas aos distribuidores e revendedores desses produtos, que estão habilitados a prestar todos os esclarecimentos.

Os problemas só podem ser enviados por:

1. E-mail: producao@erica.com.br

2. Fax: (11) 2097.4060

3. Carta: Rua São Gil, 159 - Tatuapé - CEP 03401-030 - São Paulo - SP

INVISTA EM VOCÊ.
LEIA LIVROS!

SISTEMA INTEGRADO DE BIBLIOTECAS
ANHANGUERA
EDUCACIONAL

Francisco Adval de Lira

Metrologia na Indústria

9ª Edição Atualizada e Revisada

FACULDADE ANHANGUERA
SANTO ANDRÉ 3 - UNIABC

São Paulo
2013 - Editora Érica Ltda.

REG.: 780819-530.
CLAS.: 389.1
PHA.: L768m

Metrologia na Indústria

Copyright © 2001 da Editora Érica Ltda.

Todos os direitos reservados. Proibida a reprodução total ou parcial, por qualquer meio ou processo, especialmente por sistemas gráficos, microfílmicos, fotográficos, reprográficos, fonográficos, videográficos, internet, e-books. Vedada a memorização e/ou recuperação total ou parcial em qualquer sistema de processamento de dados e a inclusão de qualquer parte da obra em qualquer programa juscibernético. Essas proibições aplicam-se também às características gráficas da obra e à sua editoração. A violação dos direitos autorais é punível como crime (art. 184 e parágrafos, do Código Penal, conforme Lei nº 10.695, de 07.01.2003) com pena de reclusão, de dois a quatro anos, e multa, conjuntamente com busca e apreensão e indenizações diversas (artigos 102, 103 parágrafo único, 104, 105, 106 e 107 itens 1, 2 e 3 da Lei nº 9.610, de 19.06.1998, Lei dos Direitos Autorais).

O Autor e a Editora acreditam que todas as informações aqui apresentadas estão corretas e podem ser utilizadas para qualquer fim legal. Entretanto, não existe qualquer garantia, explícita ou implícita, de que o uso de tais informações conduzirá sempre ao resultado desejado. Os nomes de sites e empresas, porventura mencionados, foram utilizados apenas para ilustrar os exemplos, não tendo vínculo nenhum com o livro, não garantindo a sua existência nem divulgação. Eventuais erratas estarão disponíveis para download no site da Editora Érica.

Conteúdo adaptado ao Novo Acordo Ortográfico da Língua Portuguesa, em execução desde 1º de janeiro de 2009.

"Algumas imagens utilizadas neste livro foram obtidas a partir do CorelDRAW 12, X3 e X4 e da Coleção do MasterClips/MasterPhotos© da IMSI, 100 Rowland Way, 3rd floor Novato, CA 94945, USA."

Dados Internacionais de Catalogação na Publicação (CIP)
(Câmara Brasileira do Livro, SP, Brasil)

Lira, Francisco Adval de
Metrologia na Indústria / Francisco Adval de Lira. -- 9. ed. rev. e atual. -- São Paulo: Érica, 2013.

Bibliografia
ISBN 978-85-365-0389-9

1. Instrumentos de medição 2. Medição. I. Título.

13-05383 CDD-620.0044

Índices para catálogo sistemático:
1. Metrologia na indústria: Tecnologia 620.0044

Coordenação Editorial: Rosana Arruda da Silva
Capa: Maurício S. de França
Editoração e Finalização: Marcelo da Silva Mota
Flávio Eugenio de Lima
Marlene T. Santin Alves
Carla de Oliveira Morais
Avaliação Técnica: Eduardo C. Alves Cruz

Editora Érica Ltda.
Rua São Gil, 159 - Tatuapé
CEP: 03401-030 - São Paulo - SP
Fone: (11) 2295-3066 - Fax: (11) 2097-4060
www.editoraerica.com.br

DEDICATÓRIA

Dedico este livro aos meus pequenos notáveis:

Cauê Lira e Caimã Lira,

e à domadora de pequenos notáveis:

Dina.

AGRADECIMENTOS

Se a leitura deste livro trouxer algum aprendizado a você, o mérito não será apenas meu, mas também das pessoas que me ajudaram com suas experiências.

Agradeço particularmente ao engenheiro Rafael Savoia pelo incentivo e empenho que tornaram esta publicação uma realidade.

Também um agradecimento aos técnicos do Centro Tecnológico de Metrologia (CTM) que contribuíram com suas sugestões para a ampliação e revisão deste livro.

Passará o céu e a terra,
minhas palavras não
passarão.

Lucas: 21,33

SUMÁRIO

Capítulo 1 - Considerações Gerais ... 17
Definições ... 17
Precisão e Exatidão ... 18
Algarismo Significativo ... 18
Manipulação de A.S. ... 21
Técnicas de Arredondamento ... 22
Erro de Arredondamento ... 23
Manipulação de Números ... 23
Rejeição de Números ... 24
Critério de Chauvenet ... 25
Teste de Dixon ... 26

Capítulo 2 - Unidades de Medida ... 29
Introdução Histórica ... 29
O Sistema Internacional de Unidades ... 31
Unidades de Base ... 31
Rumo ao Novo SI ... 33
Unidades Derivadas Coerentes ... 35
Unidades SI Derivadas com Nomes e Símbolos Especiais ... 36
Unidades Fora do SI, em Uso Mundialmente com o SI ... 39
Múltiplos e Submúltiplos (prefixos do SI) ... 39
Regra do SI para Formação do Nome das Unidades ... 40
Informações Gerais ... 40
Grafia dos Nomes de Unidades ... 40
Plural dos Nomes de Unidades ... 41
Grafia dos Símbolos de Unidades ... 42
Grafia dos Números ... 43
Espaçamento entre Número e Símbolo ... 45
Pronúncia dos Múltiplos e Submúltiplos Decimais das Unidades ... 45
Unidade de Medida ... 46
Dimensão de uma Grandeza ... 46

Capítulo 3 - Padrões de Medida ... 49
Classificação ... 49
Padrão Nacional ... 49
Padrão Intrínseco ... 49
Padrão de Relação ... 50
Padrão de Consenso ... 50
Padrão de Grandezas Indiretas ... 50
Padrões ... 50
Padrão de Corrente ... 51
Padrão de Tensão ... 52
Padrão de Resistência ... 54
Padrão de Tempo (s) ... 55

Padrão de Comprimento ... 56
Padrão de Massa ... 57
Padrão de Força ... 58
Padrão de Pressão ... 58
Padrão de Temperatura ... 59
Padrão da Intensidade Luminosa ... 60
Padrão de Quantidade de Matéria ... 61

Capítulo 4 - Resultados de Valores Medidos ... 63
Introdução ... 63
Leitura em Instrumentos Indicadores Analógicos ... 63
Erros de Medição ... 66
Erro Sistemático ... 67
Erro Aleatório ... 68
Erro Grosseiro ... 69
Conceitos Básicos em Estatística ... 70
Média Aritmética ... 70
Desvio da Média ... 70
Desvio Padrão ... 71
Desvio Quadrático Médio ... 72
Erro Presumível da Média ... 72
População, Amostra, Distribuição de Frequência ... 75
População ... 75
Amostra ... 75
Distribuição de Frequência ... 75
Propagação de Erros ... 77
Incerteza de Medição ... 81
Terminologia ... 82
Modelo Matemático ... 83
Simbologia ... 86
Avaliação da Incerteza de Medição das Estimativas de Entrada ... 87
Avaliação do tipo A da Incerteza Padrão ... 88
Avaliação do tipo B da Incerteza Padrão ... 90
Resolução, Histerese e Arredondamento ... 92
Incerteza Padrão da Estimativa de Saída ... 93
Incerteza de Medição Expandida ... 95
Exemplos de Cálculo de Incerteza ... 95
Fatores que Contribuem Para a Incerteza de Medição ... 107

Capítulo 5 - Calibração ... 109
Introdução ... 109
Procedimento de Medição ... 110
Como Escrever um Procedimento de Medição ... 110
Registro de Medição ... 114
Certificado de Calibração ... 115

Capítulo 6 - Confirmação Metrológica ... 131
Introdução ... 131
Requisitos para Confirmação Metrológica ... 131
Escolha do Instrumento ... 132
Calibração, Ajuste e Regulagem ... 133
Procedimentos ... 134
Comprovação da Situação do Instrumento ... 135
Registros ... 136
Condições Ambientais ... 136
Preservação ... 137
Frequência da Calibração ... 137
Tempo Calendário ... 138
Tempo Real ... 138
Número de Vezes de Utilização ... 138
Ajuste da Frequência da Calibração ... 138
Certificados ... 140
Controle de Calibração e Ajuste ... 141
Análise do Certificado de Calibração ... 141
Conclusão ... 147
Documentos Eletrônicos ... 148

Capítulo 7 - Técnicas de Medições Dimensionais ... 151
Introdução ... 151
Temperatura ... 151
Umidade Relativa ... 152
Fontes de Erro nas Medições ... 153
Erros Atribuídos às Peças ... 153
Erros Atribuídos ao Sistema de Medição ... 153
Instrumentos de Medida ... 155
Régua de Aço Graduada ... 155
Trenas ... 155
Paquímetro ... 157
Micrômetros ... 160
Erros de Medição com Micrômetro ... 160
Indicador (Relógio Comparador) ... 164
Indicador do Tipo Alavanca (Relógio Apalpador) ... 165
Blocos Padrão ... 165
Goniômetro e Esquadros Combinados ... 168
Régua de Senos ... 168
Esquadros ... 169

Capítulo 8 - Medição de Temperatura ... 171
Introdução ... 171
Escala Internacional de Temperatura ... 171
Medidores de Temperatura ... 172
Termopares para Uso Geral ... 173
Termopares Nobres ... 174
Conceitos Básicos Sobre Termopares ... 174

Lei do Circuito Homogêneo 175
Lei dos Metais Intermediários 175
Lei das Temperaturas Intermediárias 175
Respostas de Termopares 176
Tabela dos Coeficientes a 176
Associação de Termopares Iguais 177
Termopares em Série sem Oposição 177
Termopares em Série em Oposição 177
Termopares em Paralelo 177
Montagem de Termopares 177
Ligação com Fio de Cobre 178
Ligação com Fio de Extensão ou Fio de Compensação 178
Inversões 179
Inversão Simples 179
Inversão Dupla 179
Termômetros de Resistência 180
Termômetro de Resistência de Platina (Padrão) 180
Termômetro de Resistência de Platina (Industrial) 180
Ligações 180
Medidores de Temperatura por Efeito Mecânico 181
Termômetro de Líquido em Vidro 181
Termômetro de Imersão Total 182
Termômetro de Imersão Parcial 182
Termômetros Bimetálicos 183

Capítulo 9 - Técnicas de Medidas Elétricas 185
O que Significa "Especificação" 185
Erros Máximos Admissíveis 185
Estabilidade 187
Tempo de Resposta 188
Impedância de Entrada 188
Rejeição de Modo Comum (CMR) 189
Coeficiente de Temperatura 189
Formas de Onda 190
Valor Médio 190
Valor Efetivo 191
Fator de Forma 192
Cuidados Básicos em Medidas de Alta Exatidão 194
Aterramento 194
Blindagem 196
Screen 197
Guard 198
Medidas de Relação - O Decibel 199
Medição de Valores Baixos (Corrente Contínua) 202
Ruído 203
Ruído de Entrada e Ruído de Saída dos Instrumentos de Medida 204
Deriva nos Instrumentos de Medida - "zero drift" 205
Ruído Causado por Efeitos Diversos 205
Relação de Tempo e Frequência 205

Apêndice A - Vocabulário Internacional de Metrologia 207
Grandezas e Unidades 207
Medição 219
Dispositivos de Medição 233
Propriedades dos Dispositivos de Medição 235
Padrões de Medição 242

Apêndice B - Ajuste da Periodicidade das Calibrações 249
Método de Schumacher 249
Tabela 1 - Classificação 250
Tabela 2 - Ajuste 250

Apêndice C - Exercícios Propostos 252

Bibliografia 256

INTRODUÇÃO

Este livro trata dos principais tópicos da metrologia, dando ênfase à solução das dúvidas mais comuns de profissionais do setor industrial e também de alunos de cursos voltados para especialização técnica.

Ele apresenta algarismo significativo, como escrever os números que realmente têm um significado físico, como arredondar um número e qual o erro introduzido por esse arredondamento; destaca as unidades do Sistema Internacional (SI), a importância de utilizá-las, como efetuar a conversão de unidades e como apresentá-las corretamente.

Destaca os principais padrões nacionais e internacionais, em particular os elétricos e mecânicos, utilizados para executar uma calibração e assegurar a rastreabilidade da medida. Utiliza conceitos de estatística para chegar ao cálculo da incerteza de medição, mostra de forma intuitiva e com exemplos de fácil compreensão, ao estudioso de qualquer área, como estruturar seu próprio cálculo. A ideia é transmitir os conceitos básicos e as ferramentas principais aos iniciantes.

Desenvolve toda a rotina que engloba uma calibração desde a elaboração de um procedimento de medição até a emissão de um certificado.

Apresenta as áreas da mecânica, eletricidade e termometria, destacando como um instrumento pode ser utilizado e manuseado corretamente, como efetuar medições em situações de ruído elétrico ou com sinais de nível muito baixo, como utilizar vários recursos para medir uma temperatura, efetuar uma medição correta utilizando termômetro de líquido em vidro, entre outras aplicações.

Aborda a evolução tecnológica dos laboratórios e o relacionamento com os clientes, foco principal da norma ISO/IEC - 17025 (2005). Mostra como os documentos eletrônicos estão tomando o lugar dos documentos impressos, facilitando as rotinas das empresas e contribuindo para tornar o Sistema da Qualidade cada vez mais confiável. Possui novos exemplos, dicas e mostra passo a passo como um certificado de calibração é analisado e ainda as decisões possíveis sobre essa análise.

Algumas técnicas de análise crítica e rejeição de dados numéricos são mencionadas, tais como o critério de Chauvenet e o teste de Dixon.

Destaca, em especial, os padrões internacionais, seus princípios de funcionamento e em particular os padrões do Inmetro.

Um apêndice com exercícios complementa o aprendizado.

Tendo em vista que a metrologia é uma ciência que evolui para dar suporte aos avanços da tecnologia, física, química, medicina, biologia, engenharia e outros, um livro sobre o tema precisa ser rapidamente atualizado, portanto houve atualização dos termos e de alguns conceitos para acompanhar a 3ª edição do vocabulário internacional de metrologia, que destaca pela primeira vez medições em química e em medicina laboratorial, bem como incorpora conceitos, tais como aqueles que se referem à rastreabilidade metrológica, à incerteza de medição e às propriedades qualitativas.

São introduzidas as futuras mudanças nas definições do SI, cujo consenso internacional de sua importância, valor e potenciais benefícios mobiliza os Institutos Nacionais de Metrologia nos esforços de lançar campanhas de alerta à comunidade científica, aos usuários em geral e a órgãos governamentais sobre as redefinições, considerações práticas, técnicas e de legislação.

Na 9ª edição, foram introduzidas duas alterações de grafia e pronúncia de algumas unidades, em razão das decisões do Acordo Ortográfico da Língua Portuguesa de 1990 (inserção das letras k, w e y no alfabeto português) e das regras adotadas pelo Bureau Internacional de Pesos e Medidas - BIPM (neste caso, para a formação do nome de múltiplos e submúltiplos das unidades de medida). A primeira (Anexo 1, Base 1, 2º parágrafo, Alínea C do Acordo) consiste na mudança da grafia do prefixo quilo para kilo e, consequentemente, do nome da unidade de massa quilograma para kilograma. Da mesma forma, o prefixo kilo passa a ser utilizado na formação dos múltiplos das unidades. As grafias anteriores ainda podem ser usadas, porém recomenda-se que seu uso seja abolido em documentos oficiais e novas produções técnicas e científicas.

Alguns termos empregados em edições anteriores também foram mudados; por exemplo, a unidade de ângulo sólido traduzida nos dicionários da língua portuguesa como esferorradiano (Aurélio e Houaiss).

O Capítulo 2 foi remodelado, ficando mais prático, e o Apêndice A foi atualizado conforme as correções do documento JCGM 200: 2012.

SOBRE O AUTOR

O autor é formado em engenharia eletrônica pela USP, turma de 1977. Atuou em medições de alta tensão, fotometria, laboratórios de calibração, eletrônica digital, informática e Garantia da Qualidade.

Foi sócio-fundador da empresa CTM e, atualmente, desenvolve projetos nas áreas de microcontroladores, modems GSM e brinquedos.

SOBRE O MATERIAL DISPONÍVEL NA INTERNET

O material disponível no site da Editora Érica contém as respostas dos exercícios propostos no livro. Para visualizar o arquivo preciso ter instalado o Adobe Acrobat Reader 8 ou mais recente.

Respostas.exe - 130 KB

Procedimento para Download

Acesse o site da Editora Érica Ltda.: www.editoraerica.com.br. A transferência do arquivo disponível pode ser feita de duas formas:

- **Por meio do módulo pesquisa**. Localize o livro desejado, digitando palavras-chave (nome do livro ou do autor). Aparecem os dados do livro e o arquivo para download. Com um clique o arquivo executável é transferido.
- **Por meio do botão "Download"**. Na página principal do site, clique no item "Download". É exibido um campo no qual devem ser digitadas palavras-chave (nome do livro ou do autor). Aparecem o nome do livro e o arquivo para download. Com um clique o arquivo executável é transferido.

Procedimento para Descompactação

Primeiro passo: após ter transferido o arquivo, verifique o diretório em que se encontra e dê um duplo clique nele. Aparece uma tela do programa WINZIP SELF-EXTRACTOR que conduz ao processo de descompactação. Abaixo do Unzip To Folder há um campo que indica o destino do arquivo que será copiado para o disco rígido do seu computador.

C:\ Metrologia na Indústria

Segundo passo: prossiga a instalação, clicando no botão Unzip, o qual se encarrega de descompactar o arquivo. Logo abaixo dessa tela aparece a barra de status que monitora o processo para que você acompanhe. Após o término, outra tela de informação surge, indicando que o arquivo foi descompactado com sucesso e está no diretório criado. Para sair dessa tela, clique no botão OK. Para finalizar o programa WINZIP SELF-EXTRACTOR, clique no botão Close.

Capítulo 1

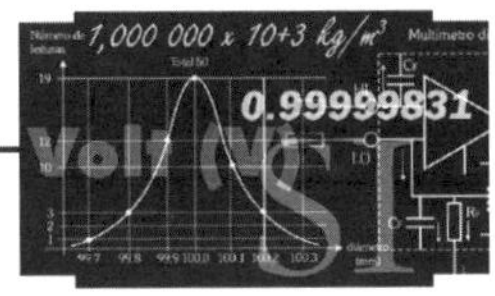

CONSIDERAÇÕES GERAIS

DEFINIÇÕES

Um meio para determinar uma variável ou uma grandeza física pode envolver artifícios próprios de uma pessoa. Assim, um juiz de futebol mede a distância entre a bola e a barreira contando onze passos (que deveriam corresponder a 9,15 m), ou uma pessoa mede a temperatura de um objeto usando as mãos, ou outros tipos de medida, usando o tato, o olfato, a visão etc. Em qualquer destes casos, não podemos afirmar com certeza o valor da grandeza medida.

Os instrumentos de medida, portanto, servem como uma extensão das faculdades humanas, e podem ser tão simples como um gabarito, uma escala, ou um galvanômetro. Com a evolução da tecnologia e das técnicas de medição, os instrumentos passaram a ser mais elaborados e de melhor exatidão, de múltiplos recursos e usos, exigindo de seu operador o conhecimento do princípio de funcionamento e dos recursos incorporados, para utilizá-los de maneira eficiente.

O processo de medição envolve uma série de requisitos que devem ser do conhecimento do operador, tais como os termos empregados em metrologia, necessários para interpretação de especificações e resultados.

Alguns destes termos são definidos em seguida:

a. **Instrumento de medição** - dispositivo utilizado para realizar medições individualmente ou associado a um ou mais dispositivos suplementares.

b. **Exatidão de medição** - grau de concordância entre um valor medido e um valor verdadeiro de um mensurando.

c. **Sensibilidade** - quociente entre a variação de uma indicação de um sistema de medição e a variação correspondente do valor da grandeza medida.

d. **Resolução** - menor variação da grandeza medida que causa uma variação perceptível na indicação correspondente.

e. **Erro de medição** - diferença entre o valor medido de uma grandeza e um valor de referência.

... Nota ...

As definições dos termos empregados em metrologia conforme o Vocabulário Internacional de Metrologia (VIM) estão transcritas no apêndice A deste livro.

PRECISÃO E EXATIDÃO

... Nota ...

Veja em detalhes no VIM 2.13 – 2.15 e 2.21, respectivamente, exatidão de medição, precisão de medição, repetibilidade de medição.

Em metrologia os termos "exatidão" e "precisão" eram considerados características do processo de medição. A exatidão está associada à proximidade do valor verdadeiro e a precisão estava associada à dispersão dos valores resultantes de uma série de medidas.

Quando você tiver um instrumento utilizado sob as mesmas condições, com o mesmo operador, mesmo processo de medição, no mesmo local e com um pequeno intervalo de tempo entre a tomada das medições, então as características de dispersão das indicações em termos quantitativos podem ser expressas pela **repetibilidade**.

ALGARISMO SIGNIFICATIVO

O resultado de uma medição é expresso em números que dão a informação da ordem de grandeza do fenômeno medido. Vamos supor que o resultado do recenseamento de uma cidade aponta para uma população de 120.000 pessoas. Sabemos que este dado não representa um número exato e entendemos que a população está próxima de 120.000, podendo estar compreendida entre 110.000 e 130.000.

Vamos imaginar que o resultado final fosse divulgado como população de 120.316 pessoas e submeter este dado a uma análise crítica.

Sabemos que este número é "instável", portanto, ao ser anunciado, já não corresponde à população real. Existe uma dúvida neste número que neste caso estaria entre 120.315 pessoas e 120.317 pessoas, um intervalo ainda duvidoso.

Portanto, este número não tem significado físico com esta ordem de grandeza, pois não expressa a magnitude do fenômeno medido.

O número que dá a informação do resultado da medida sempre está associado a uma incerteza intrínseca devido ao fenômeno físico, ao erro do experimentador, ao erro dos instrumentos, fatores ambientais etc.

Seja o seguinte exemplo prático: desejamos medir uma barra metálica com uma trena cujas divisões da escala estão marcadas em cm.

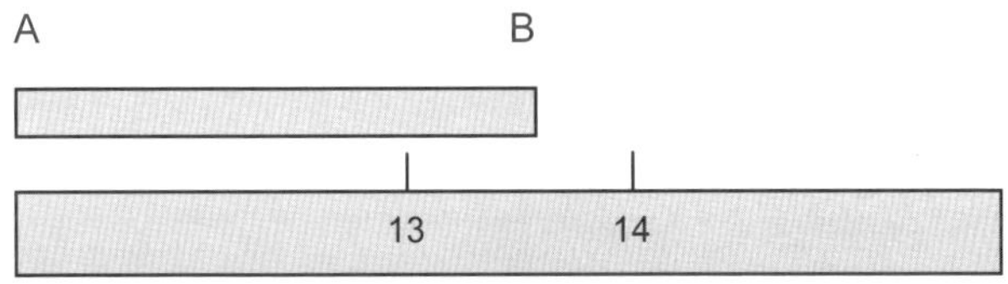

Como o valor de uma divisão da escala é 1 cm, temos que o comprimento AB tem 13 divisões completas, portanto 13 é um número exato. Sabemos também que o comprimento AB é menor que 14 cm. A fração de 1 cm compreendida entre 13 cm e 14 cm não pode ser medida, mas pode ser estimada dentro dos limites de percepção do experimentador.

A medida da barra foi anotada por três pessoas como:

- 1ª AB = 13,8 cm
- 2ª AB = 13,6 cm
- 3ª AB = 13,7 cm

Nas três leituras anotadas a dúvida está no algarismo da fração de cm. O valor anotado por uma quarta pessoa como 13,65 cm é inaceitável, pois 0,05 cm, neste caso, está além da percepção da maioria das pessoas, portanto é um número que não tem significado físico. O resultado de uma medida então deve ser composto pelos algarismos corretos e também um e apenas um algarismo duvidoso.

Exemplos

- 12,1 cm tem 3 algarismos significativos e 0,1 é o algarismo duvidoso
- 5 cm tem 1 algarismo significativo e ele próprio é duvidoso
- 9,0 tem 2 algarismos significativos
- 9,00 tem 3 algarismos significativos
- 0,006 tem 1 algarismo significativo

Algarismos significativos são todos os algarismos necessários na notação científica, exceto o expoente.

Exemplos

- 0,006 $= 6 \times 10^{-3}$ tem 1 a.s.
- 2 $= 2 \times 10^{0}$ tem 1 a.s.
- 9,0 $= 90 \times 10^{-1}$ tem 2 a.s.
- 12,1 $= 1{,}21 \times 10^{+1}$ tem 3 a.s.
- 1,001 $= 1001 \times 10^{-3}$ tem 4 a.s.

Dicas

a. O algarismo à esquerda diferente de zero é o algarismo mais significativo.

Exemplo: $\underline{1}00{,}9$ – $0\underline{7}20$ – $0{,}000\underline{5}4$ – $0{,}00\underline{2}3400$

b. Se não houver vírgula, o último algarismo à direita diferente de zero é o algarismo menos significativo.

Exemplo: $2\underline{6}0$ – $\underline{1}000$ – $22\underline{4}$ – $01\underline{7}0$

c. Havendo vírgula, o último algarismo à direita é o algarismo menos significativo.

Exemplo: $27{,}010\underline{0}$ – $0{,}002\underline{0}$ – $100{,}\underline{0}$ – $209{,}9\underline{9}$

d. A quantidade de algarismos significativos (a.s.) de um número é a quantidade de dígitos do algarismo mais significativo ao menos significativo.

Exemplo: 27,0100 tem 6 a.s.

0,0020 tem 2 a.s. 100,0 tem 4 a.s.

209,99 tem 5 a.s. 100 000 tem 1 a.s.

Observação: 2030 tem 3 a.s. Se o último zero for importante, escrever na forma $2{,}030 \times 10^3$ (4 a.s.).

Outros exemplos: $5 = 0{,}5 \times 10 = 0{,}05 \times 10^2 = 0{,}005 \times 10^3$ (1 a.s.)

Observe que tanto L = 22,5 cm como L = 0,225 m representam a mesma medida e têm 3 algarismos significativos.

No sentido estritamente matemático, 8 = 8,0 = 8,00 = 8,000 etc.

Fisicamente, estes números são diferentes: 8 cm $\neq$ 8,0 cm $\neq$ 8,00 cm $\neq$ 8,000 cm.

MANIPULAÇÃO DE A.S.

1. Soma e subtração

Realizar a operação somente após reduzir todas as parcelas para a mesma unidade. O resultado deve apresentar apenas um algarismo duvidoso.

Exemplos

- 2,222 m + 13,8 cm +222 cm + 3,765 m =
  = 2,222 m + 0,138 m + 2,22 m +3,765 m = 8,34 m
- 5,7764 g + 1,2 g + 3,110 g = 10,0 g
- 129,346 V – 3,1 V = 126,2 V

As contas são feitas usando todos os algarismos e em seguida arredonda-se para o número de algarismos significativos corretos.

2. Produto e divisão

Fazer a operação com todos os algarismos. O resultado deve ter o mesmo número de algarismos significativos do fator com menor quantidade de algarismos significativos.

Exemplos

- 33,314 cm × 26,0 cm = 866,164 cm^2 = 866 cm^2
- 32,794 cm^2 × 3,1 cm = 101,6614 cm^3= $1{,}0 \times 10^2$ cm^3
- 32,794 m / 3,1 s = 10,57870 m/s = 10,6 m/s
- 32,794 m / 3 s = 10,931333 m/s = 10 m/s

3. Medidas com erro

Numa série de medidas, obteve-se o seguinte resultado:

- Pressão média P = 86,9780 Pa
- Erro estimado ΔP= 0,558 Pa

Note que o erro está na casa dos décimos de Pa, portanto os centésimos, milésimos etc. não têm nenhum sentido. O erro estimado de uma medida deve conter somente o seu **algarismo mais significativo.** Voltando ao exemplo, ΔP= 0,5 Pa.

Os algarismos 8 e 6 do valor médio são exatos; o algarismo 9 é duvidoso, porque o erro estimado afeta a casa que corresponde a ele.

Os demais algarismos nada significam, não podemos escrevê-los.

A maneira correta de escrever o resultado é:

- P = (86,9 ± 0,5) Pa

TÉCNICAS DE ARREDONDAMENTO

O resultado de uma medida pode estar sujeito à manipulação numérica, ou para expressá-lo com menor número de algarismos significativos ou para compatibilização de valores.

A substituição de um número dado por outro com menor quantidade de algarismos deve ser feita dentro de uma técnica conhecida e aceita para que todos procedam da mesma forma e haja homogeneidade de números com origens diversas.

Para arredondar um número, verifique quantos algarismos significativos devem ficar no final numa única operação e proceda como descrito a seguir:

a. Se o algarismo à direita do último dígito que se pretende representar for inferior a 5, 50, 500..., apenas desprezam-se os demais dígitos à direita.

Exemplo

- 3,141592 com 3 a.s. = 3,14

b. Se o algarismo à direita do último dígito que se pretende representar for maior que 5, 50, 500..., adiciona-se uma unidade ao último dígito representado e desprezam-se os demais dígitos à direita.

Exemplo

- 3,141592 com 5 a.s. = 3,1416

c. Se o algarismo à direita do último dígito que se pretende representar for 5, 50, 500...

- adiciona-se uma unidade ao último dígito representado e desprezam-se os dígitos à direita, se esse dígito for originalmente ímpar;
- apenas são desprezados os demais dígitos à direita se esse dígito for originalmente par ou zero.

Exemplos

- 16,25 com 3 a.s. = 16,2
- 16,05 com 3 a.s. = 16,0
- 16,15 com 3 a.s. = 16,2

ERRO DE ARREDONDAMENTO

A substituição de um número por outro introduz a noção matemática de erro ainda que dissociada de significado real ou físico. O erro máximo introduzido pelo arredondamento é de meia unidade do que não foi eliminado. Considera-se que qualquer número é proveniente de um arredondamento, portanto portador de um erro implícito. Exemplo: o número 16,2 pode ser proveniente de 16,25 ou 16,15, tendo um erro máximo implícito de 0,05 unidade.

MANIPULAÇÃO DE NÚMEROS

O resultado de uma medição está associado a um número com significado físico que reproduz o fenômeno da maneira mais exata possível. Para que esses números expressem o resultado da forma que estamos interessados, operações algébricas podem ser necessárias, tais como soma, produto etc., podendo levar o resultado a um valor não confiável. A manipulação de números deteriora os dados iniciais ou, na melhor das hipóteses, não os altera.

Entende-se que o resultado de uma operação qualquer deve ter o mesmo número de algarismos significativos do dado "menos exato" que entra nessa operação, não sendo justificável, mesmo que matematicamente, qualquer outro algarismo adicional.

Exemplos

1. Duas barras metálicas A e B são interligadas. Qual é o comprimento final, se A = 118,7 mm e B = 13,624 mm?

C = comprimento = A + B = 132,324 mm

Temos que: A possui 4 algarismos significativos
B possui 5 algarismos significativos
C possui 6 algarismos significativos

Na operação o número 3 após a vírgula é o algarismo duvidoso e os algarismos restantes (2 e 4) sem nenhum significado físico porque uma das barras é exata apenas até os décimos de mm. O resultado final então será C = 132,3 mm.

2. Calcular a área de um retângulo cujos lados medem 38,68 mm e 3,18 mm.

Temos que: área S = 38,68 mm x 3,18 mm = 123,0024 mm^2

S = 123 mm^2 (3 algarismos significativos)

No caso de somas e subtrações, é permitido completar as casas decimais, efetuar a operação e arredondar para o menor número de casas decimais.

Exemplo

Duas pilhas A e B foram medidas com dois voltímetros diferentes V1 e V2 respectivamente. Qual é a diferença entre as duas tensões, se A = 1,495 V e B = 1,49439 V?

Temos que: A – B = 1,495 V – 1,49439 V = 0,00061 V = 0,001V

REJEIÇÃO DE NÚMEROS

Se no conjunto de medidas do mesmo mensurando são encontrados valores dispersos, a tendência natural é o descarte do número ou a sua substituição por outra leitura caso o instrumento ainda esteja disponível. Sabemos que grandes descobertas científicas foram feitas baseadas na análise daqueles valores destoantes dos demais, por isso a rejeição não pode ser feita com base na intuição do técnico. Alguns critérios foram desenvolvidos para facilitar a tarefa de rejeição de valores, por exemplo Chauvenet, Cochran e Dixon.

Critério de Chauvenet

Se em um conjunto de N medidas $x_1, x_2, x_3, \ldots, x_N$ de uma mesma grandeza x uma das medidas (por exemplo x_i) é suspeita, o critério de Chauvenet pode ser usado para rejeitar ou manter a medida. Há várias formas equivalentes da aplicação do critério de Chauvenet, porém para nossos objetivos basta aplicar o seguinte:

Inicialmente, calcule a média aritmética $\bar{x}$ e o desvio padrão $s(\bar{x})$ das N medidas.

Em seguida determine o número de desvios padrão r que a medida x_i difere da média $\bar{x}$: $r = \dfrac{|x_i - \bar{x}|}{s(\bar{x})}$

Determinado o valor de r, verifique se ele é menor ou igual a Rc (rejection criterion, probabilidade 95%) da tabela seguinte, em que N é o número de medidas:

N	Rc	N	Rc	N	Rc
2	1,15	10	1,96	18	2,20
3	1,38	11	2,00	19	2,22
4	1,53	12	2,04	20	2,24
5	1,64	13	2,07	21	2,26
6	1,73	14	2,10	22	2,28
7	1,80	15	2,13	23	2,30
8	1,86	16	2,15	24	2,31
9	1,91	17	2,18	25	2,33

O valor x_i é considerado aceitável se $r \leq Rc$.

Exemplo 1

Na calibração de um manômetro foram anotadas as seguintes indicações:

- Valor do padrão: 100 kPa
- Leituras do manômetro: (100, 99, 98, 101, 80) kPa
- Média aritmética das leituras: $\bar{x}$ = 95,6 kPa
- Desvio padrão das leituras: 8,79 kPa

$$r = \frac{|80 - 95{,}6|\text{kPa}}{8{,}79\text{kPa}} = 1{,}77$$

Para N = 5 leituras, Rc = 1,64 menor que r = 1,77

Conclusão: o valor 80 kPa deve ser rejeitado.

Exemplo 2

Um estudante fez 14 medidas do período de um oscilador, obtendo os seguintes resultados em segundos:

0,7 - 0,3 - 0,9 - 0,3 - 0,6 - 0,9 - 0,8 - 0,7 - 0,8 - 1,2 - 0,5 - 0,9 - 0,9 - 0,3

Algumas dessas medidas podem ser rejeitadas de acordo com o critério de Chauvenet?

- Média aritmética = 0,70 s
- Desvio padrão = 0,27 s
- Número de desvios padrão r = 1,85 (ponto analisado = 1,2)
- Para 14 medidas, Rc = 2,10

Como r < Rc, a medida é válida.

Após a eliminação da medida suspeita, calcula-se o novo desvio padrão e a nova média. Utilize o critério para apenas uma medida. Se outros valores também são suspeitos, o critério deve ser repetido com todas as medidas iniciais.

Teste de Dixon

Organizar os dados: do menor até o maior (índice 1 = menor valor, índice H = maior valor).

Fazer o cálculo do teste de Dixon, conforme a tabela seguinte:

H	Teste estatístico	
	Para o menor resultado (Qm)	Para o maior resultado (QM)
3 a 7	$Q_{10} = \frac{Z(2) - Z(1)}{Z(H) - Z(1)}$	$Q_{10} = \frac{Z(H) - Z(H-1)}{Z(H) - Z(1)}$
8 a 12	$Q_{11} = \frac{Z(2) - Z(1)}{Z(H-1) - Z(1)}$	$Q_{11} = \frac{Z(H) - Z(H-1)}{Z(H) - Z(2)}$
13 ou mais	$Q_{22} = \frac{Z(3) - Z(1)}{Z(H-2) - Z(1)}$	$Q_{22} = \frac{Z(H) - Z(H-2)}{Z(H) - Z(3)}$

- Z = valor do resultado na ordem H, por exemplo: Z(1) equivale ao valor do menor resultado (ou seja, do primeiro resultado em ordem numérica crescente)
- Z(H) = valor do maior resultado em ordem numérica crescente de h valores
- Z(H–1) = valor do penúltimo resultado da série de h em ordem numérica crescente
- QM = Q para o maior valor
- Qm = Q para o menor valor

O valor de Q é comparado com a tabela de Dixon dos valores críticos:

H	10%	5%	1%
3	0,886	0,941	0,988
4	0,679	0,765	0,889
5	0,557	0,642	0,780
6	0,482	0,560	0,698
7	0,434	0,507	0,637
8	0,479	0,554	0,683
9	0,441	0,512	0,635
10	0,409	0,477	0,597
11	0,517	0,576	0,679

H	10%	5%	1%
12	0,490	0,546	0,642
13	0,467	0,521	0,615
14	0,492	0,546	0,641
15	0,472	0,525	0,616
16	0,454	0,507	0,595
17	0,438	0,490	0,577
18	0,424	0,475	0,561
19	0,412	0,462	0,547
20	0,401	0,450	0,535

Os níveis de risco são 10%; 5% e 1%.

Adotar a seguinte regra: se o valor de Q for inferior ao valor crítico, manter a observação.

Exemplo

- Valores observados: 148, 151, 164, 152, 153
- Colocando-os em ordem: 148, 151, 152, 153, 164

Dos cinco valores, o último aparenta estar muito elevado. Então calculando Q:

$$Q_{10} = \frac{164 - 153}{164 - 148} = \frac{11}{16} = 0{,}687$$

Para H = 5 observações, o valor crítico para um risco de 5% é 0,642. Como $0{,}687 > 0{,}642$, justifica-se a eliminação do valor 164.

Exemplo

Uma amostra de água foi coletada e analisada quanto ao total de sólidos dissolvidos. A amostra foi dividida em quatro subamostras de 75 mL cada.

Amostra	Sólidos (g)
1	0,0433
2	0,0401
3	0,0498
4	0,0442

Colocando os dados em ordem, temos (em g):

0,0401 – 0,0433 – 0,0442 – 0,0498

0,0056

0,0401 0,0433 0,0442 0,0498

0,0097

Q_{10} = 0,0056 g / 0,0097 g = 0,58.

Para um nível crítico de 5%, Qs = 0,765.

Como $Q_{10} < Qs$, a medida não pode ser rejeitada.

Capítulo 2

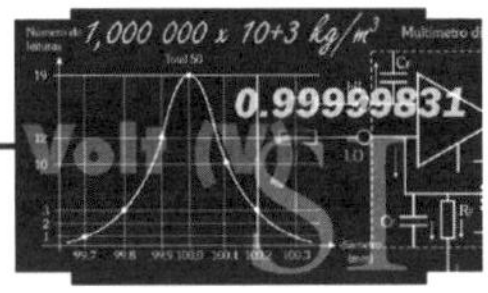

UNIDADES DE MEDIDA

INTRODUÇÃO HISTÓRICA

Há dois séculos, medidas eram parâmetros relativos que dependiam de cada país, comarca ou cidade. A base para cada sistema era a tradição; não havia coerência nem padrões exatos. Medidas diferentes tinham o mesmo nome, as moedas eram cunhadas em tamanho e peso com critério local. Não se sabia quanto valia uma libra esterlina em francos ou rublos. Os cambistas estabeleciam o valor da moeda conforme a determinação dos comerciantes locais.

Na França, a unidade principal de distância era a toesa, equivalente a seis pés de rei, medida criada na Idade Média e definida como a distância entre a ponta do dedão do monarca e seu calcanhar. Em algumas províncias as medidas eram sistematizadas e variavam em até 20% conforme o local. A única medida internacional exata era o grau de ângulo.

Em 1670, um padre francês propôs à Academia Francesa de Ciências, fundada quatro anos antes, a adoção de uma unidade de comprimento chamada "virga", equivalente a um minuto de ângulo de um meridiano terrestre.

Em 1671, o abade Jean Picard propôs como padrão a distância percorrida por um pêndulo simples no intervalo de um segundo.

Em 1740, a Academia enviou uma expedição ao Peru para testar um pêndulo e descobriu que a medida do percurso do pêndulo dependia da aceleração do peso pendurado e a aceleração variava com a altitude.

Em 1774, o Ministro da Economia, chamado Turgot, encomendou à Academia um sistema coerente e um plano para sua implantação.

Em 1789, com a Revolução Francesa, os Estados Gerais decidiram pela criação de um sistema único de pesos e medidas. Participaram desse processo cientistas como Lavoisier, Coulomb, Laplace etc. No dia 8 de maio de 1790, um decreto da Assembleia Nacional autorizou a criação de medidas, múltiplos e submúltiplos. No dia 27 de outubro, a comissão de cientistas decidiu que o novo sistema de medidas e o sistema monetário seriam decimais. Em fevereiro de 1791, uma nova comissão decidiu criar uma medida baseada na extensão da metade do meridiano terrestre. Um projeto foi sancionado em março, ordenando que fosse medida a distância entre Dunquerque (norte de Paris) e Barcelona equivalente a 9,5° do meridiano. A décima milionésima parte dessa distância seria o padrão de comprimento. Por motivos políticos esse trabalho ficou inacabado até 1798.

Em dezembro de 1792, a Academia criou um padrão provisório usando as medidas de meridiano disponíveis e finalmente a 29 de maio de 1793, o padrão de distância foi apresentado com o nome de metro, nome derivado do latim *metru* que significa "uma medida" Esse metro foi dividido em 1000 partes (milimetros) e a partir da nova medida foi definida a unidade de massa com o nome de grave, correspondendo à massa de um decimetro cúbico de água destilada. O novo sistema foi sancionado no dia 1º de outubro de 1793.

Em 1795, foi promulgada uma lei proibindo a fabricação de produtos usando as medidas antigas e impondo o metro como unidade de comprimento, o are como medida de superfície, o estéreo e o litro como medidas de volume, o grama como medida de massa e o franco como moeda.

Em 1798, as medições do meridiano de Dunquerque a Barcelona foram concluídas e no final do ano foi construído o metro oficial em platina; também foi fabricado um cilindro de platina correspondente ao padrão de um kilograma.

Estes padrões foram substituídos, em 1889, por outros mais exatos feitos de platina e irídio.

Até recentemente, a 11ª Conferência Geral de Pesos e Medidas (1960) ratificou o metro como sendo o comprimento igual a 1.650.763,73 comprimentos de onda, no vácuo, da radiação correspondente à transição entre os níveis $2p_{10}$ e $5d_5$ do átomo de criptônio 86.

A partir de 1983, o metro foi definido como sendo a distância que a luz percorre em 1/299.792.458 de segundo. Esta nova definição não altera a dimensão do padrão atual, apenas o define com maior exatidão.

O Brasil adotou o metro oficialmente a partir de 26 de junho de 1862 pela Lei número 1.157.

O SISTEMA INTERNACIONAL DE UNIDADES

O Sistema Internacional de Unidades é o fundamento da metrologia moderna. Sua abreviatura SI vem do nome francês Système International d'Unités. O SI é usado internacionalmente por acordos legais mesmo em países com sistema próprio, por exemplo, os Estados Unidos, cujo sistema nacional de medidas é o U.S. Customary System. Entretanto, as unidades, tais como polegada, pé, jarda, libra etc., são definidas em termos das unidades bases do SI (1 in = 0,0254 m etc.).

Torna-se óbvio que o uso apenas do SI proporciona facilidades e segurança. Podemos lembrar a perda da sonda Mars Climate Orbiter em 23 de setembro de 1999, um programa de US$ 125.000.000, por um simples problema de conversão de unidades. O *software* instalado na espaçonave usava unidades SI (newton segundo (N.s) para impulso) e o *software* da equipe de controle em Terra usava unidades imperiais lbf.s (libra-força segundo). Como consequência, os valores do impulso foram subestimados e os motores que ajustariam a espaçonave numa órbita a 150 km da superfície foram acionados com um fator de 4,45 a mais (1 lbf = 4,45 N) numa trajetória de choque com a atmosfera marciana.

O Sistema Internacional é um conjunto de definições. Os Laboratórios Nacionais realizam experiências para expressar as unidades tais como são definidas. Por exemplo, o volt pode ser determinado a partir do metro, kilograma e segundo. Na sua realização prática em uma célula de junções Josephson, depende de uma correlação de constantes da natureza.

UNIDADES DE BASE

As unidades de base formam os parâmetros para todas as demais unidades. As definições são modificadas periodicamente a fim de acompanhar a evolução da ciência.

Grandeza de base do SI		Unidade de base do SI		Definição
Nome	**Símbolo**	**Nome**	**Símbolo**	
Comprimento	*l, x, r* etc.	metro	m	Comprimento do trajeto percorrido pela luz no vácuo durante um intervalo de tempo de 1/299.792.458 de um segundo.
Massa	*m*	kilograma	kg	O kilograma é a unidade de massa; ele é igual à massa do protótipo internacional do kilograma.
Tempo	*t*	segundo	s	Duração de 9.192.631.770 períodos da radiação correspondente à transição entre os dois níveis hiperfinos do estado fundamental do átomo de césio 133 (veja nota).
Corrente elétrica	*I, i*	ampere	A	O ampere é a intensidade de uma corrente elétrica constante que, se mantida em dois condutores paralelos, retilíneos, de comprimento infinito, de seção circular desprezível, e situados à distância de um metro entre si, no vácuo, produz entre esses condutores uma força igual a 2×10^{-7} newton por metro de comprimento.
Temperatura termodinâmica	*T*	kelvin	K	Fração 1/273,16 da temperatura termodinâmica do ponto triplo da água.
Intensidade luminosa	I_v	candela	cd	A candela é a intensidade luminosa, numa dada direção, de uma fonte que emite uma radiação monocromática de frequência 540×10^{12} hertz e que tem uma intensidade radiante nessa direção de 1/683 watt por esferorradiano.
Quantidade de substância	*n*	mol	mol	1. O mol é a quantidade de substância de um sistema que contém tantas entidades elementares quantos átomos existem em 0,012 kilograma de carbono 12. 2. Quando se utiliza o mol, as entidades elementares devem ser especificadas, podendo ser átomos, moléculas, íons, elétrons, assim como outras partículas ou agrupamentos especificados de tais partículas.

... Nota ...

Esta definição refere-se ao átomo de césio em repouso a uma temperatura de 0 K.

RUMO AO NOVO SI...

Constantes fundamentais

O Sistema Internacional de Unidades está prestes a ser totalmente reformulado. Desde o estabelecimento do SI, avanços significativos foram feitos em relação às grandezas que são invariantes na natureza, como as constantes fundamentais da física e as propriedades dos átomos.

Sabendo da importância de vincular as unidades SI a tais grandezas invariantes, a CGPM criou outras definições para quatro das unidades de base, sendo elas o kilograma redefinido em termos da constante de Planck (h), o ampere redefinido em termos da carga elementar do elétron (e), o kelvin redefinido em termos da constante de Boltzmann (k) e o mol redefinido em termos da constante de Avogadro (N_A). Como consequência, as outras três unidades de base (metro, segundo e candela) mudaram suas definições, sendo expressas uniformemente usando a formulação constante explícita.

Para compreender o novo SI, é necessário conhecer as sete constantes fundamentais, nas quais o SI estará baseado:

- A frequência da transição hiperfina do estado fundamental do átomo de césio 133 $\Delta\nu$ $(^{133}Cs)_{hfs}$ é igual a exatamente 9 192 631 770 hertz.
- A velocidade da luz no vácuo c é igual a exatamente 299 792 458 metros por segundo.
- A constante de Planck h é igual a exatamente 6,626 06X $\times$ 10^{-34} joule segundo.
- A carga elementar e é igual a exatamente 1,602 17X $\times$ 10^{-19} coulomb.
- A constante de Boltzmann k é igual a exatamente 1,380 6X $\times 10^{-23}$ joule por kelvin.
- A constante de Avogadro N_A é igual a exatamente 6,022 14X $\times$ 10^{23} por mol.
- A eficácia luminosa K_{cd} da radiação monocromática de frequência 540 x 10^{12} Hz é igual a exatamente 683 lumens por watt.

... Observação ...

*A letra X representa um ou mais algarismos adicionados aos valores numéricos de **h**, **e**, **k** e N_A resultantes do ajuste mais recente fornecido pela CODATA.*

Redefinição das Unidades de Base

O segundo, s

O segundo, s, é a unidade de tempo. Sua amplitude é determinada fixando o valor numérico da frequência da transição hiperfina do estado fundamental do átomo de césio 133, em repouso e a uma temperatura de 0 K, a exatamente 9 192 631 770 quando ela é expressa em s^{-1}, unidade do SI que é igual ao hertz, Hz.

O metro, m

O metro, m, é a unidade de comprimento. Sua amplitude é determinada fixando o valor numérico da velocidade da luz no vácuo a exatamente 299 792 458 quando ela é expressa na unidade SI, ms^{-1}.

O kilograma , kg

O kilograma, kg, é a unidade de massa. Sua amplitude é determinada fixando o valor numérico da constante de Planck a exatamente 6,626 06X $\times$ 10^{-34} quando ela é expressa em m^2 kg s^{-1}, unidade do SI que é igual ao joule segundo, J s.

O ampere, A

O ampere, A, é a unidade da corrente elétrica. Sua amplitude é determinada fixando o valor numérico da carga elementar a exatamente 1,602 17X $\times$ 10^{-19} quando ela é expressa em A s, unidade do SI que é igual ao coulomb, C.

O kelvin, K

O kelvin, K, é a unidade da temperatura termodinâmica. Sua amplitude é determinada fixando o valor numérico da constante de Boltzmann a exatamente 1,380 6X $\times$ 10^{-23} quando ela é expressa em m^2 kg s^{-2} K^{-1}, unidade do SI igual ao joule por kelvin, J K^{-1}.

O mol, mol

O mol, mol, é a unidade de quantidade de substância de uma entidade elementar específica, que pode ser um átomo, molécula, íon, elétron, qualquer outra partícula ou um grupo específico de tais partículas. Sua amplitude é determinada fixando o valor numérico da constante de Avogadro a exatamente 6,022 14X $\times$ 10^{23} quando ela é expressa na unidade do SI mol^{-1}.

A candela, cd

A candela, cd, é a unidade da intensidade luminosa em uma dada direção; sua amplitude é determinada fixando o valor numérico da eficácia luminosa da radiação monocromática de frequência 540 $\times$ 10^{12} Hz a exatamente 683 quando ela é expressa em m^{-2} kg^{-1} s^3 cd sr, ou cd sr W^{-1}, unidade do SI igual a lumens por watt, lm W^{-1}.

UNIDADES DERIVADAS COERENTES

O número de grandezas na ciência é ilimitado e não é possível criar uma lista completa de grandezas derivadas e de unidades derivadas.

As unidades derivadas são formadas pelo produto de potências das unidades de base. As unidades derivadas coerentes são produtos de potências das unidades de base que não incluem fator numérico diferente de 1.

Grandeza derivada		Unidade derivada coerente do SI	
Nome	**Símbolo**	**Nome**	**Símbolo**
área	A	metro quadrado	m^2
volume	V	metro cúbico	m^3
velocidade	v	metro por segundo	m/s
aceleração	a	metro por segundo ao quadrado	m/s^2
número de ondas	σ, ν	metro elevado à potência menos um	m^{-1}
densidade, massa específica	ρ	kilograma por metro cúbico	kg/m^3
densidade superficial	ρ_A	kilograma por metro quadrado	kg/m^2
volume específico	v	metro cúbico por kilograma	m^3/kg
Densidade de corrente	j	ampere por metro quadrado	A/m^2
campo magnético	H	ampere por metro	A/m
concentração de quantidade de substância[(a)]	C	mol por metro cúbico	mol/m^3
concentração mássica	ρ, γ	kilograma por metro cúbico	kg/m^3

Grandeza derivada		Unidade derivada coerente do SI	
luminância	L_v	candela por metro quadrado	cd/m^2
índice de refração[b]	n	um	1
permeabilidade relativa[b]	μ_r	um	1

[a] No campo de química clínica, essa grandeza é também chamada de concentração de substância.

[b] Estas são grandezas adimensionais, ou grandezas de dimensão um. O símbolo “1” para a unidade (o número "1") é geralmente omitido quando se determina o valor das grandezas sem dimensão.

UNIDADES SI DERIVADAS COM NOMES E SÍMBOLOS ESPECIAIS

	Unidade SI derivada coerente			
Grandeza derivada	**Nome**	**Símbolo**	**Expressão utilizando outras unidades do SI**	**Expressão em unidades de base do SI**
ângulo plano	radiano	rd	1	m/m
ângulo sólido	esferorradiano	sr	1	m^2/m^2
frequência	hertz	Hz		s^{-1}
força	newton	N		$m\ kg\ s^{-2}$
pressão, tensão	pascal	Pa	N/m^2	$m^{-1} kg\ s^{-2}$
energia, trabalho, quantidade de calor	joule	J	N m	$m^2\ kg\ s^{-2}$
potência, fluxo radiante	watt	W	J/s	$m^2 kg\ s^{-3}$
carga elétrica, quantidade de eletricidade	coulomb	C		s A
diferença de potencial elétrico, força eletromotriz	volt	V	W/A	$m^2\ kg\ s^{-3} A^{-1}$
capacitância	farad	F	C/V	$m^{-2} kg^{-1} s^4\ A^2$
resistência elétrica	ohm	W	V/A	$m^2\ kg\ s^{-3} A^{-2}$

Grandeza derivada	Unidade SI derivada coerente			
	Nome	**Símbolo**	**Expressão utilizando outras unidades do SI**	**Expressão em unidades de base do SI**
condutância elétrica	siemens	S	A/V	$m^{-2}kg^{-1}s^{3}A^{2}$
fluxo magnético	weber	Wb	V s	$m^{2}\ kg\ s^{-2}\ A^{-1}$
densidade de fluxo magnético Wb/m^2	tesla	T		$kg\ s^{-2}\ A^{-1}$
indutância	henry	H	Wb/A	$m^{2}\ kg\ s^{-2}\ A^{-2}$
temperatura Celsius	grau Celsius	°C		K
fluxo luminoso	lúmen	lm	cd sr	cd
luminância	lux	lx	lm/m^2	m^{-2} cd
atividade (de um radionuclídeo)	becquerel	Bq		s^{-1}
dose absorvida, energia específica (cedida), kerma	gray	Gy	J/kg	$m^{2}\ s^{-2}$
viscosidade dinâmica	pascal segundo	Pa s		$m^{-1}kg\ s^{-1}$
momento de uma força	newton metro	N m		$m^{2}\ kg\ s^{-2}$
tensão superficial	newton por metro	N/m		$kg\ s^{-2}$
velocidade angular	radiano por segundo	rad/s		$m\ m^{-1}\ s^{-1} = s^{-1}$
aceleração angular	radiano por segundo quadrado	rad/s^2		$m\ m^{-1}\ s^{-2} = s^{-2}$
densidade de fluxo térmico, irradiância	watt por metro quadrado	W/m^2		$kg\ s^{-3}$
capacidade térmica, entropia	joule por kelvin	J/K		$m^{2}\ kg\ s^{-2}\ K^{-1}$
capacidade térmica específica, entropia específica	joule por kilograma kelvin	J/(kg K)		$m^{2}\ s^{-2}\ K^{-1}$
energia específica	joule por kilograma	J/kg		$m^{2}\ s^{-2}$
condutividade térmica	watt por metro kelvin	W/(m K)		$m\ kg\ s^{-3}\ K^{-1}$
densidade de energia	joule por metro cúbico	J/m^3		$m^{-1}\ kg\ s^{-2}$

	Unidade SI derivada coerente			
Grandeza derivada	**Nome**	**Símbolo**	**Expressão utilizando outras unidades do SI**	**Expressão em unidades de base do SI**
campo elétrico	volt por metro	V/m		$m\ kg\ s^{-3}\ A^{-1}$
densidade de carga elétrica	coulomb por metro cúbico	C/m^3		$m^{-3}\ s\ A$
densidade de carga superficial	coulomb por metro quadrado	C/m^2		$m^{-2}\ s\ A$
indução elétrica, deslocamento elétrico	coulomb por metro quadrado	C/m^2		$m^{-2}\ s\ A$
permissividade	farad por metro	F/m		$m^{-3}\ kg^{-1}\ s^4\ A^2$
permeabilidade	henry por metro	H/m		$m\ kg\ s^{-2}\ A^{-2}$
energia molar	joule por mol	J/mol		$m^{-2}\ kg\ s^{-2}\ mol^{-1}$
entropia molar, capacidade térmica molar	joule por mol kelvin	J/(mol K)		$m^2\ kg\ s^{-2}\ K^{-1}\ mol^{-1}$
exposição (raios X e raios γ)	coulomb por kilograma	C/kg		$kg^{-1}\ s\ A$
taxa de dose absorvida	gray por segundo	Gy/s		$m^2\ s^{-3}$
intensidade radiante	watt por esferorradiano	W/sr		$m^4\ m^{-2}\ kg\ s^{-3} = m^2\ kg\ s^{-3}$
radiância	watt por metro quadrado esferorradiano	$W/(m^2\ sr)$		$m^2\ m^{-2}\ kg\ s^{-3} = kg\ s^{-3}$
concentração de atividade catalítica	katal por metro cúbico	kat/m^3		$m^{-3}\ s^{-1}\ mol$

UNIDADES FORA DO SI, EM USO MUNDIALMENTE COM O SI

Grandeza	Nome da unidade	Símbolo da unidade	Valor em unidades do SI
tempo	minuto	min	1 min = 60 s
	hora	h	1 h = 60 min = 3.600 s
	dia	d	1 d = 24 h = 86.400 s
ângulo plano	grau	°	1° = (π/180) rad
	minuto	'	1' = (1/60)° = (π/10 800) rad
	segundo	''	1'' = (1/60)' = (π/648 000) rad
área	hectare	ha	1 ha = 1 hm^2 = 10^4 m^2
volume	litro	L, l	1 L = 1 l = 1 dm^3 = 10^3 cm^3 = 10^{-3} m^3
massa	tonelada	t	1 t = 10^3 kg

MÚLTIPLOS E SUBMÚLTIPLOS (PREFIXOS DO SI)

Todas as unidades podem ser estendidas sobre uma faixa de 48 ordens de grandeza do seu valor base. Os multiplicadores são todos potências de 10. Os prefixos da tabela podem ser empregados para unidades que não pertencem ao SI.

Nome	Símbolo	Multiplicador	Nome	Símbolo	Multiplicador
yotta	Y	10^{24}	deci	d	10^{-1}
zetta	Z	10^{21}	centi	c	10^{-2}
exa	E	10^{18}	mili	m	10^{-3}
peta	P	10^{15}	micro	μ	10^{-6}
tera	T	10^{12}	nano	n	10^{-9}
giga	G	10^{9}	pico	p	10^{-12}
mega	M	10^{6}	femto	f	10^{-15}
kilo	k	10^{3}	atto	a	10^{-18}
hecto	h	10^{2}	zepto	z	10^{-21}
deca	da	10^{1}	yocto	y	10^{-24}

REGRA DO SI PARA FORMAÇÃO DO NOME DAS UNIDADES

Justapor o prefixo ao nome da unidade, sem modificações da grafia e da pronúncia originais tanto do prefixo quanto da unidade.

Prefixo SI + Unidade SI	Grafia pela regra do SI	Pronúncia
centi + metro	centimetro	centimétro
deca + metro	decametro	decamétro
deci + metro	decimetro	decimétro
exa + metro	exametro	examétro
giga + metro	gigametro	gigamétro
hecto + metro	hectometro	hectométro
kilo + metro	kilometro	kilométro
micro + metro	micrometro	micrométro
mili + metro	milimetro	milimétro
mili + radiano	miliradiano	milirradiano
mili + segundo	milisegundo	milissegundo
nano + metro	nanometro	nanométro

INFORMAÇÕES GERAIS

Grafia dos Nomes de Unidades

- Quando escritos por extenso, os nomes de unidades começam por letra minúscula.

  Exemplos: metro, candela, segundo, mol etc.

- Se a unidade for o nome de um cientista, a regra permanece válida exceto para o grau Celsius.

  Exemplos: ampere, kelvin, newton, hertz, bel etc.

- Na expressão do valor numérico de uma grandeza, a respectiva unidade pode ser escrita por extenso ou representada pelo seu símbolo, não sendo admitidas combinações de partes escritas por extenso com partes expressas por símbolos.

Exemplos: kilovolts por milimetro ou kV / mm
joule por kilograma e por kelvin ou J / (kg.K)
kilograma-metro por segundo ou kg.m/s

Plural dos Nomes de Unidades

Quando os nomes de unidades são escritos ou pronunciados por extenso, a formação do plural obedece às seguintes regras básicas:

1. Os prefixos SI são sempre invariáveis. Exemplos: deci, mili, kilo, mega, pico, etc.

2. Os nomes de unidades recebem a letra "s" no final de cada palavra, exceto nos casos da alínea c.

- **a.** Quando são palavras simples. Por exemplo: amperes, candelas, curies, farads, grays, joules, kelvins, kilogramas, parsecs, roentgens, volts, webers etc.
- **b.** Quando são palavras compostas em que o elemento complementar de um nome de unidade não é ligado a este por hífen. Por exemplo: metros quadrados, milhas marítimas, unidades astronômicas etc.
- **c.** Quando são termos compostos por multiplicação, em que os componentes podem variar independentemente um do outro. Por exemplo: amperes-horas, newtons-metros, ohms-metros, pascals-segundos, watts-horas etc.

> ***... Nota ...***
>
> *Segundo esta regra, e a menos que o nome da unidade entre no uso vulgar, o plural não desfigura o nome que a unidade tem no singular (por exemplo, becquerels, decibels, henrys, mols, pascals etc.), não se aplicando aos nomes de unidades certas regras usuais de formação do plural de palavras (por exemplo: moles, decibéis, pascais).*

3. Os nomes ou partes dos nomes de unidades não recebem a letra "s" no final.

- **a.** Quando terminam pelas letras s, x ou z. Por exemplo: siemens, lux, hertz etc.
- **b.** Quando correspondem ao denominador de unidades compostas por divisão. Por exemplo: kilometros por hora, lumens por watt, watts por esferorradiano etc.

c. Quando, em palavras compostas, são elementos complementares de nomes de unidades e ligados a estes por hífen ou preposição. Por exemplo: anos-luz, elétron-volts, kilogramas-força, unidades (unificadas) de massa atômica etc.

Grafia dos Símbolos de Unidades

1. A grafia dos símbolos de unidades obedece às seguintes regras básicas:

   a. Os símbolos são invariáveis, não sendo admitido colocar após o símbolo ponto de abreviatura, seja "s" de plural, sejam sinais, letras ou índices. Exemplo: o símbolo do watt é sempre W, qualquer que seja o tipo de potência a que se refira: mecânica, elétrica, térmica, acústica etc.; o símbolo do volt é sempre V não importando se é médio, RMS, DC, AC etc. Grafias do tipo W_{RMS}, V_{AC}, VAC etc. devem ser evitadas.

   b. Os prefixos SI nunca são justapostos num mesmo símbolo. Por exemplo: unidades como GWh, nm, pF etc. não devem ser substituídas por expressões em que se justaponham, respectivamente, os prefixos mega e kilo , mili e micro, micro e micro etc. (exemplos: pF e não µµF; nm e não mµm etc.). Note que é comum nos meios técnicos a referência a partes decimais, porém deve-se tomar cuidado na escrita da unidade. Por exemplo, o técnico pode falar em um milésimo de micrometro, mas deve escrever 1 nm e não 1 mµm ou pior ainda, 1 mµ.

   c. Os prefixos SI podem coexistir num símbolo composto por multiplicação ou divisão. Por exemplo: kN.cm, kΩ.mA, kV/mm, MΩ.cm, kV/µs, µW/cm^2 etc.

   d. Os símbolos de uma mesma unidade podem coexistir num símbolo composto por divisão. Por exemplo: Ω.mm^2/m, kWh/h etc.

   e. O símbolo é escrito no mesmo alinhamento do número a que se refere e não como expoente ou índice. São exceções os símbolos das unidades não SI de ângulo plano (° ' "), os expoentes dos símbolos que têm expoente, o sinal (°) do símbolo do grau Celsius e os símbolos que têm divisão indicada por traço de fração horizontal. Exemplo: 12 V, 23 °C, 34°22' 15", 59 s, 12 mA / m etc.

   f. O símbolo de uma unidade composta por multiplicação pode ser formado pela justaposição dos símbolos componentes e que não cause ambiguidade (VA, kWh etc.), ou mediante a colocação de um ponto entre os símbolos componentes, na base da linha ou a meia altura (N.m ou N·m, m.s^{-1} ou m·s^{-1} etc.).

g. O símbolo de uma unidade que contém divisão pode ser formado por qualquer das três maneiras exemplificadas em seguida:

W / (sr.m^2), W.sr^{-1}. m^{-2}, W / sr.m^2

não devendo ser empregada esta última forma quando o símbolo escrito em duas linhas diferentes puder causar confusão.

h. As unidades de tempo aceitas com o SI sem limite de prazo são o dia (d), a hora (h) e o minuto (min). Essas unidades devem ser escritas obedecendo aos mesmos critérios para as unidades do SI.

Exemplos: treze horas e vinte e seis minutos

13 h 26 min

13 h 26 min 18 s

Evitar escrever como relógio digital (13:26 ou 13:26:18") ou 13h 26m, ou 13h 26min 18seg, ou 13hs 26min 18segs etc.

2. Quando um símbolo com prefixo tem expoente, deve-se entender que esse expoente afeta o conjunto prefixo-unidade, como se esse conjunto estivesse entre parênteses. Por exemplo:

$dm^3 = 10^{-3}\ m^3$

$mm^3 = 10^{-9}\ m^3$

... Nota ...

O símbolo do litro (letra l) pode ser escrito em maiúsculo quando causar confusão com o número 1.

Exemplo: 21 l, 21 L etc.

Grafia dos Números

As prescrições desta seção não se aplicam aos números que não representam grandezas (por exemplo, numeração de elementos em sequência, códigos de identificação, datas, números de telefone etc.).

- Para separar a parte inteira da parte decimal de um número, é empregada sempre uma vírgula; quando o valor absoluto do número é menor do que 1, coloca-se 0 à esquerda da vírgula.

Exemplo: 123,44 - 0,22 - 0,123 - 1,2 etc.

- Os números que representam quantias em dinheiro, ou quantidades de mercadorias, bens ou serviços em documentos para efeitos fiscais, jurídicos e/ou comerciais, devem ser escritos com os algarismos separados em grupos de três, a contar da vírgula para a esquerda e para a direita, com pontos separando esses grupos entre si.

  Exemplo: R$ 1.354,90 - 113.299 sacolas - colocação de 2.800 peças etc.

  Nos demais casos, é recomendado que os algarismos da parte inteira e os da parte decimal dos números sejam separados em grupos de três, a contar da vírgula para a esquerda e para a direita, com pequenos espaços entre esses grupos (por exemplo, em trabalhos de caráter técnico ou científico), mas é também admitido que os algarismos da parte inteira e os da parte decimal sejam escritos seguidamente (isto é, sem separação em grupos).

  Exemplo: 13800 V ou 13 800 V - 2,323 34 J ou 2,32334 J etc.

- Para exprimir números sem escrever ou pronunciar todos os seus algarismos:

  a. Para os números que representam quantias em dinheiro, ou quantidades de mercadorias, bens ou serviços, são empregadas de uma maneira geral as palavras:

  mil = 10^3 = 1000

  milhão = 10^6 = 1000 000

  bilhão = 10^9 = 1000 000 000

  trilhão = 10^{12} = 1000 000 000 000

  podendo ser opcionalmente empregados os prefixos SI ou os fatores da tabela dos múltiplos e submúltiplos (prefixos do SI), em casos especiais (por exemplo, em cabeçalhos de tabelas);

  b. Para trabalhos de caráter técnico ou científico, é recomendado o emprego dos prefixos SI ou fatores decimais da tabela dos múltiplos e submúltiplos (prefixos do SI).

Espaçamento entre Número e Símbolo

O espaçamento entre um número e o símbolo da unidade correspondente deve atender à conveniência de cada caso, assim, por exemplo:

1. Em frases de textos correntes, é dado normalmente o espaçamento correspondente a uma ou a meia letra, mas não se deve dar espaçamento quando há possibilidade de fraude.

   Exemplo: 12 m – 227 V – 80 km/h etc.

2. Em colunas de tabelas, é facultado utilizar espaçamentos diversos entre os números e os símbolos das unidades correspondentes.

   Exemplos

   Tensão medida

2 300 V	2300 V	2300 V

ou

Tensão medida (V)

2 300	2300	2300

Pronúncia dos Múltiplos e Submúltiplos Decimais das Unidades

Na forma oral, os nomes dos múltiplos e submúltiplos decimais das unidades são pronunciados por extenso, prevalecendo a sílaba tônica da unidade.

Assim sendo, os múltiplos e submúltiplos decimais do metro devem ser pronunciados com o acento tônico na penúltima sílaba (mé de mega - mí de micro - nâ de nano - kí de kilo etc.), por exemplo, megametro, micrometro (distinto de micrômetro, instrumento de medição), nanometro etc.

UNIDADE DE MEDIDA

Podemos entender uma unidade de medida como uma grandeza definida e aceita por convenção e com ela comparar outras grandezas da mesma natureza quanto às suas magnitudes. Uma grandeza pode ser genérica ou específica; por exemplo, uma resistência elétrica, um comprimento ou um tempo são grandezas genéricas, enquanto a resistência de um resistor, o comprimento de uma mesa, o tempo de abertura e fechamento de um relé são grandezas específicas.

As grandezas são da mesma natureza quando puderem ser classificadas segundo uma ordem; elas também podem ser agrupadas por categorias. Observe que unidades de grandezas com a mesma dimensão podem ter os mesmos nomes e símbolos, inclusive quando não são da mesma natureza.

DIMENSÃO DE UMA GRANDEZA

Algumas grandezas são definidas pela razão entre duas grandezas de mesma natureza, portanto são adimensionais. Como a razão entre duas unidades SI idênticas é a unidade, sua dimensão pode ser expressa pelo número um. Os valores dessas grandezas são expressos por números e a unidade "um" que não é mostrada explicitamente. São exemplos dessas grandezas o coeficiente de atrito, o índice de refração, a permeabilidade relativa.

Entretanto, em certos casos, essa unidade recebe um nome especial, a fim de facilitar a identificação da grandeza referida, como o radiano e o Esferorradiano. O radiano e o esferorradiano receberam um nome especial da CGPM para a unidade derivada coerente um, para exprimir os valores do ângulo plano e do ângulo sólido respectivamente.

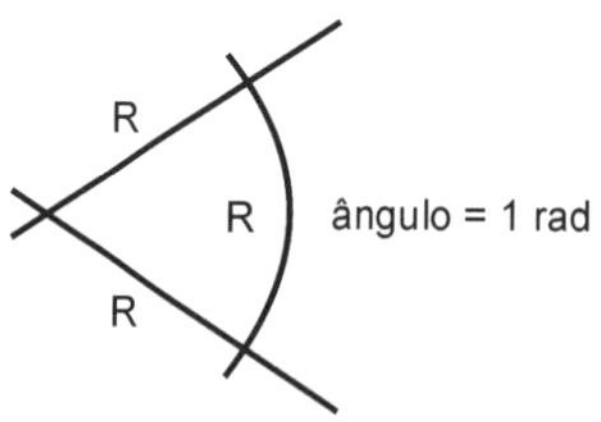

O radiano é o ângulo interno formado por duas linhas que, partindo do centro de uma circunferência de raio R, subtende um arco da circunferência com um comprimento igual a R.

Então, 1 rad = raio R / arco R

Note que a unidade de comprimento é o metro, portanto a relação anterior resulta em uma grandeza adimensional ou com dimensão um.

Todo número elevado a zero é 1. Grandeza adimensional não é grandeza sem dimensão, e sim grandeza de dimensão 1. A álgebra para análise dimensional e os símbolos das grandezas são normalizados conforme a norma ISO 31.

A dimensão de uma grandeza é uma expressão que a representa a partir de um sistema de grandezas, como produto das potências dos fatores das grandezas de base do sistema.

Exemplo 1

A dimensão do joule é: $J = M\ L\ T^{-2}M = LM^2T^{-2}$

As grandezas de base são:

L = comprimento

M = massa

T = tempo

A análise dimensional é importante na verificação da coerência da unidade.

Exemplo 2

O capacitor é um componente elétrico passivo, utilizado em circuitos eletrônicos e na eletricidade em geral. Sua capacitância depende apenas da sua forma geométrica e do meio que separa suas placas. Assim, a capacitância que é dada em farad (F) também pode ser dada em metros (m).

Vamos construir um capacitor com duas placas condutoras de 100 cm^2 de área cada, afastadas no ar em 1 mm. Desprezando o efeito do campo elétrico nas bordas, qual é a capacitância desse capacitor?

Carga total Q numa placa: $Q = A(\phi 1 - \phi 2) / 4\pi\ d = C\ V$

Em que:

A = área da placa em m^2

$\phi 1$ = potencial na placa 1 em V

$\phi 2$ = potencial na placa 2 em V

d = distância que separa as duas placas

C = capacitância em farads

V = diferença de potencial entre as placas em volts

Desta igualdade: $C = A / 4\pi\, d$, portanto:

$C = 0{,}01\ m^2 / 4\pi.\ 0{,}001\ m = 0{,}796\ m$

Podemos concluir também que o farad é uma unidade que representa um componente gigantesco. O capacitor deste exemplo teria a capacitância de 1 F se suas placas tivessem uma área com cerca de 113 km^2!

Exemplo 3

A intensidade de campo elétrico é o volt por metro (V/m). Demonstre que ela também pode ser expressa em newtons por coulomb.

Força = q. E = N $\Rightarrow$ E = N / C = (V/m)

Capítulo 3

PADRÕES DE MEDIDA

CLASSIFICAÇÃO

Toda unidade de medida tem uma definição (tomada como uma unidade ideal e parte do SI), uma realização (atingida geralmente por meio de experiências cujos resultados sejam os mais próximos possíveis da definição, sendo geralmente executada por um laboratório nacional) e uma representação. Quando a realização é obtida, o laboratório nacional mantém esse valor como uma representação da unidade, sendo, portanto, o mais alto padrão com o qual outras representações são comparadas.

Padrão Nacional

Todas as medições efetuadas devem estar rastreadas pelo laboratório nacional que mantém a representação da unidade medida. A representação da unidade pode ser um padrão físico ou um valor criado por um experimento, mas nem sempre esse procedimento é possível. Os laboratórios nacionais geralmente têm a tradição histórica de anos associados à representação da unidade de medida cuja estabilidade e incerteza são provadas e aceitas.

Padrão Intrínseco

Os padrões intrínsecos são fabricados para que dentro de incertezas muito pequenas sejam considerados sem erro. São criados a partir de procedimentos que, quando executados, permitem reproduzir uma quantidade dentro dos limites de incerteza estabelecidos. Os padrões intrínsecos associados às calibrações elétricas são a junção Josephson para tensão DC, o efeito Hall quântico para resistência e o padrão de

Césio para o tempo. Se um padrão intrínseco for produzido em um laboratório, os serviços do laboratório nacional não serão necessários, porém recomenda-se provar esse padrão, calibrando-o.

Padrão de Relação

Geralmente são divisores utilizados para comparar valores a um padrão rastreado ou padrão intrínseco. Não há laboratório nacional para este tipo de padrão porque ele é adimensional.

Padrão de Consenso

O padrão de consenso pode ser um artefato ou processo aceito entre fornecedores e consumidor quando não há padrão intrínseco ou laboratório nacional. Neste caso as partes concordam com um procedimento de utilizar, por exemplo, as medições de dois ou três "padrões".

Padrão de Grandezas Indiretas

Para unidades que não são diretamente rastreadas pelo padrão nacional, utilizam-se dois ou mais padrões, e por manipulação matemática determina-se a medida desejada. Exemplo: queda de tensão em um resistor padrão para determinar o valor da corrente.

PADRÕES

Em 1º de janeiro de 1990, os laboratórios nacionais estabeleceram novos valores para o volt e o ohm. Esses valores foram baseados no efeito Josephson e efeito Hall quântico e são consistentes com o SI.

A mudança necessária para trazer os valores do volt e do ohm para a nova representação variou para cada país.

País	Lab	volt	ohm	ampere	watt
	BIPM	0,99999194	0,99999810	0,99999384	0,99998578
Austrália	CSIRO	0,99999194	0,99999991	0,99999203	0,99998397
Bélgica	IGM	0,99999194	0,99999810	0,99999384	0,99998578
Canadá	NCR	0,99999194	0,99999660	0,99999534	0,99998728
China (PRC)	NIM	0,99999103	0,99999850	0,99999253	0,99998356

País	Lab	volt	ohm	ampere	watt
Dinamarca	IFM	0,99999194	1,00000000	0,99999194	0,99998388
Finlândia	TRC	0,99999194	1,00000000	0,99999194	0,99998388
França	LCIE	0,99999326	0,99999934	0,99999392	0,99998718
Alemanha (DDR)	ASMN	0,99999194	0,99999820	0,99999374	0,99998568
Alemanha (FRG)	PTB	0,99999194	0,99999944	0,99999250	0,99998444
Itália	IENI	0,99999194	1,00000030	0,99999164	0,99998358
Japão	ETL	0,99999194	1,00000000	0,99999194	0,99998388
Coreia (ROK)	KSRI	0,99999020	0,99999930	0,99999090	0,99998110
Países Baixos	VSL	0,99999194	0,99999880	0,99999314	0,99998508
Noruega	NMS	0,99999194	0,99999840	0,99999354	0,99998548
África do Sul	CSIR	0,99999160	0,99999860	0,99999300	0,99998460
Suécia	SP	0,99999270	0,99999830	0,99999440	0,99998710
Suíça	FOM	0,99999194	0,99999846	0,99999348	0,99998542
Rússia	IMM	0,99999643	0,99999998	0,99999645	0,99999289
Reino Unido	NPL	0,99999194	0,99999839	0,99999355	0,99998549
Estados Unidos (USA)	NIST	0,99999074	0,99999831	0,99999243	0,99998316

Tendo em vista esta mudança, foram estabelecidas algumas regras para o ajuste dos padrões disponíveis:

a. Se a exatidão do instrumento for menor que cinco vezes a magnitude da grandeza a alterar, então o instrumento deve ser ajustado.

b. Se a exatidão do instrumento estiver entre cinco e dez vezes a magnitude da grandeza a alterar, então estudar caso a caso.

c. Se a exatidão do instrumento for maior que dez vezes a magnitude da grandeza a alterar, então nenhum ajuste deve ser feito.

Foi recomendado ainda, que não houvesse alteração física dos padrões de referência de resistência e tensão, devendo ser usado apenas um fator de correção.

Padrão de Corrente

O ampere é a unidade de base para eletricidade no SI, sendo as definições de volt e watt suas unidades derivadas. O SI definiu o ampere como uma corrente constante que, ao passar por dois condutores paralelos de seção transversal desprezível e separados entre si por uma distância de 1 m, produz entre esses dois condutores uma força de 2×10^{-7} N/m por metro de comprimento desses condutores. Pela definição, o ampere é uma unidade do SI difícil de ser realizada, portanto não há ainda nenhum padrão para sua representação. Aplica-se neste caso a Lei de Ohm.

Padrão de Tensão

Padrão Intrínseco

O volt é definido pelo SI a partir da unidade de base ampere, como a diferença de potencial entre dois pontos de um condutor atravessado por uma corrente constante de 1 ampere, quando a potência dissipada entre esses dois pontos é igual a 1 watt. Vários laboratórios nacionais tentaram a realização do ampere, volt e ohm definidos, porém descobertas recentes no campo da mecânica quântica tornaram possível a representação do volt e do ohm com incerteza compatível com a definição.

O padrão intrínseco construído a partir do efeito Josephson consiste em uma rede de junções semicondutoras polarizadas e mantidas a 4,2 K. Uma fonte de micro-ondas irradia as junções, aparecendo em cada junção uma tensão contínua constante definida como:

$$V_j = n\,f / K_{j-90}$$

Em que:

V_j = tensão na junção

f = frequência em GHz

K_{j-90} = constante Josephson

n = número inteiro

Em 1988, o Comitê Internacional de Pesos e Medidas recomendou que todos os laboratórios usassem o valor de K_{j-90} igual a 483.597,9 GHz / V a ser utilizado a partir de janeiro de 1990.

O nível de tensão de uma junção simples é cerca de 10mV. Experiências recentes mostraram que as junções irradiadas pela mesma fonte de micro-ondas produzem desvios da ordem de 3×10^{-19} V.

Padrão de Estado Sólido

Atualmente são utilizados dois tipos de padrão de estado sólido:

a. padrão constituído por um amplificador de referência e diodo zener integrado;

b. padrão que utiliza diodos zener discretos compensados em temperatura.

Os padrões de estado sólido são superiores aos padrões do tipo pilha saturada. São robustos mecanicamente, têm baixo coeficiente de temperatura, fornecem tensões mais altas que as pilhas saturadas, são fáceis de calibrar, transportar e utilizar.

O padrão que utiliza amplificador de referência tem saída de 10 V e 1,018 V (valor de uma pilha saturada). A estabilidade da saída de 10 V é de $0{,}3 \times 10^{-6}$ volts por mês e 2×10^{-6} volts por ano, podendo fornecer uma corrente de até 10 mA. Recomenda-se que um padrão primário de tensão seja constituído de quatro a seis referências independentes, conforme a seguinte relação:

Número de padrões	Número de comparações	Observação
1	nenhuma	Não detecta desvios.
2	1	Detecta um desvio, mas não identifica onde.
3	3	Identifica e localiza o desvio.
4	6	Adiciona redundância ao volt local, podendo uma das referências substituir a outra que apresente defeito.

O padrão que utiliza diodos zener discretos foi desenvolvido a partir da nova tecnologia de fabricação de circuitos integrados, com consequente redução de ruído e melhoria da estabilidade térmica. Os diodos zener são selecionados individualmente para operar com baixo coeficiente de temperatura. Por exemplo, um diodo com coeficiente de temperatura próximo a 3 mV/°C pode ser combinado com outro que tenha coeficiente de temperatura próximo a –3 mV/°C. A referência de tensão com diodo zener também é empregada em multímetros digitais e calibradores, podendo ser confinada em um pequeno forno de temperatura controlada.

A tensão de operação de um diodo zener de referência está entre 6,2 V e 6,3 V, valores que não são práticos para uso em laboratórios. Normalmente emprega-se esta referência em fontes reguladas e ajustadas para saída de 10 V, recurso que introduz desvio e ruído na saída. Para obtenção de 1 V e 1,018 V, empregam-se divisores resistivos na saída de 10 V.

Pilha Saturada

As pilhas saturadas, também conhecidas como pilhas Weston, ainda são encontradas em alguns laboratórios de calibração. Essas pilhas apresentam boa uniformidade de tensão e têm vida relativamente longa, com saída típica a 20 °C de 1,0183 V. As pilhas saturadas, quando submetidas a variações de temperatura, apresentam histerese e demoram de 60 a 90 dias para atingir o seu valor original dentro de $0{,}5 \times 10^{-6}$ V.

Outras desvantagens são a baixa corrente de saída, formação de gases nos eletrodos, sensibilidade a choques etc.

Padrão de Resistência

Padrão Intrínseco de Resistência

A representação do ohm nos laboratórios nacionais é tradicionalmente o resistor padrão de Thomas (1 Ω). Em 1980, Klaus von Klitzing descobriu o Efeito Hall Quântico. O dispositivo construído consistiu em um transistor de efeito de campo (MOSFET) planar operado em um ambiente de 1 K a 2 K. Um campo magnético é aplicado perpendicular ao plano do transistor e uma corrente elétrica é aplicada longitudinal a esse plano. A tensão Hall é medida perpendicularmente ao campo e à corrente.

Essa tensão se desenvolve proporcional ao campo e à corrente aplicada no gate (porta) do MOSFET, porém quando existe uma fração inteira de h/e^2, ocorrem degraus ou platôs em que, com pequenas variações do campo ou da corrente de gate, não se observa variação da tensão de Hall.

A tensão Hall e a resistência Hall são dadas por:

$$V_h = R_{k-90}\, I / i \quad \text{e} \quad R_h = V_h / I = R_{k-90} / i$$

Em que:

V_h = tensão Hall

R_{k-90} = 25.812,807 Ω, valor recomendado pelo Comitê Internacional de Pesos e Medidas com efeito a partir de janeiro de 1990

I = corrente no MOSFET

i = número inteiro que representa o platô de Hall

Resistor de Thomas (1 Ω)

O resistor de Thomas foi desenvolvido para máxima estabilidade, tendo desvio típico de $\pm 0{,}2 \times 10^{-8}$ Ω por ano. Os resistores padrão de valor mais alto são comparados por meio de pontes com o resistor de Thomas.

Resistor Reichsanstalt

Os resistores padrão para altas correntes com resistência da ordem de 0,1 Ω a 1 mΩ são construídos conforme idealizados por Reichsanstalt. São constituídos por um fio enrolado em um cilindro metálico fixado no interior de um invólucro perfurado. O conjunto é mergulhado em um banho de óleo que, ao circular pela resistência, auxilia no seu resfriamento, caso altas correntes provoquem o seu autoaquecimento.

Resistor de Rosa

Os resistores padrão com valores acima de 10 Ω são construídos conforme idealizados por Rosa e também são conhecidos como resistores do tipo NBS. O elemento resistivo de manganina é enrolado em um cilindro metálico isolado e suspenso em um invólucro fechado cheio de óleo. No centro do cilindro há uma abertura para colocação de um termômetro. Esse resistor deve ser utilizado em um banho de óleo.

Padrão de Tempo (s)

Os átomos, quando excitados, emitem radiações monocromáticas, fenômeno que permite a determinação do segundo a partir da frequência das radiações. A radiação do césio é a referência para estabilizar a frequência de um oscilador de quartzo. A exatidão da escala de tempo atômica pode ser comparada a um relógio que em 1 milhão de anos apresenta uma variação de menos de 1 segundo.

O relógio atômico de feixe de césio emite radiação de frequência ν determinada pela relação $h\nu = | E_B - E_A |$, sendo h a constante de Planck, E_B, E_A níveis de energia.

A transição adotada para definir o segundo foi escolhida por motivos técnicos devido aos instrumentos para medir frequência disponíveis, facilidades no emprego do césio para produzir um feixe atômico, deteção por ionização etc.

Os átomos de césio são irradiados com uma radiação na faixa de micro-ondas, ajustando-se essa frequência até que ocorra a transição (9.192.631.770 Hz). Ao atingir o nível máximo, a frequência da radiação incidente coincide com a do césio e pode ser mantida estável facilmente.

O oscilador de quartzo do gerador de micro-ondas produz os sinais horários gerados pelo relógio.

O padrão primário do Brasil é um relógio atômico de césio, instalado dentro de uma cabine blindada no Observatório Nacional e serve como referência para os demais padrões de tempo existentes.

Esse padrão materializa a definição do segundo com um erro de ± 1 segundo em cerca de 63.400 anos ($\pm 0{,}5 \times 10^{-12}$ s).

Padrão de Comprimento

Pela definição do metro, observa-se a sua ligação direta com a unidade de tempo, portanto podemos determiná-lo com uma exatidão próxima à do segundo (s). Uma maneira prática de realizar a definição do metro é medir o tempo que um pulso luminoso leva para percorrer uma distância (por exemplo, Terra-Lua-Terra), acionando um relógio na partida do pulso e desligando-o na sua chegada. Nesta condição temos que a distância ida e volta será $L = c\Delta t$ com uma incerteza de 1 cm aproximadamente.

Para medidas pequenas o interferômetro é o instrumento mais adequado, consistindo na comparação do comprimento de onda de uma radiação luminosa com o comprimento a ser medido. As medidas de comprimento no ar estão limitadas ao valor da velocidade de propagação da luz, que depende do índice de refração do ar (determinado com uma incerteza relativa da ordem de 10^{-8}).

No Inmetro, o laboratório de interferometria (Laint) é responsável pela guarda, manutenção e realização da unidade de comprimento (metro).

Os principais padrões metrológicos do País sob a responsabilidade do Laint são:

- Laser de He-Ne/I_2, estabilizado em frequência (padrão nacional)
- Lâmpada espectral de Criptônio 86 (padrão secundário)
- Lâmpada espectral de Cádmio 114 (padrão secundário)
- Lâmpada espectral de Tl (padrão secundário)

- Interferômetro vertical Jena-Zeiss (blocos padrão até 100 mm)
- Interferômetro horizontal Carl-Zeiss (blocos padrão até 100 mm)
- Comparador Interferométrico Koesters (bloco padrão de 100 a 1000 mm)

Padrão de Massa

O kilograma é ainda a única unidade representada por um artefato: o protótipo internacional do kilograma. A forma desse artefato é a de um cilindro de platina (90 %) e irídio (10 %) com altura de 39 mm e diâmetro de 39 mm, medidas que minimizam a superfície e os riscos de alteração do padrão. A manipulação do padrão deve ser a mínima possível para evitar o desgaste da superfície. Como as pesagens são realizadas no ar, torna-se necessária a correção do empuxo do ar.

O empuxo do ar limita a exatidão da medição de massas principalmente quando se compara o padrão de platina, cuja massa específica é 20 vezes maior que a da água, com o padrão de aço inox que tem massa específica da ordem de 10 vezes a da água. Para se ter uma ideia, com essa diferença de volume para uma massa de 1kg a diferença de massa é de 100 mg, devido ao empuxo.

As equações da relatividade ($E = mc^2$) e de Plank ($E = h\, v$) fornecem a base para uma redefinição do kilograma, que agora pode ser avaliado com o emprego da balança de Watt.

O Laboratório de Massa do Inmetro (Lamas) é o responsável pela guarda, manutenção e realização da unidade de massa (kilograma) do SI. Os principais padrões metrológicos de massa do País sob a responsabilidade do Lamas são:

- Protótipo de platina-irídio Nº 66, o Kilograma Protótipo Nacional (Certificado do BIPM);
- Massa padrão de 1 kg de aço inoxidável (Certificado do BIPM);
- Coleção de massas padrão de 1 mg a 10 kg (Certificado NPL);
- Três massas padrão de 50 kg (Certificado PTB).

Padrão de Força

O newton é a unidade de força cuja realização prática utiliza a aceleração da gravidade g e uma massa m. Assim, F = mg pode ser obtida suspendendo a massa m no campo gravitacional do local. A massa m deve ser calibrada e o valor de g determinado no local em que F é realizada (geralmente com a utilização de um gravímetro). O Laboratório de Força e Dureza do Inmetro (Lafor) é o responsável pela guarda, manutenção e realização das unidades de força (newton), de torque (newton metro) do Sistema Internacional de Unidades SI e das escalas de dureza (Brinell, Rockwell, Vickers e Shore). Os principais padrões sob a responsabilidade do Lafor são os seguintes:

- Máquina de Padronização de Força, por Peso Morto;
- Transdutores de Força de Referência;
- Blocos Padrão de Dureza de Referência;
- Pesos Padrão.

Padrão de Pressão

O pascal é a unidade de pressão e pode ser realizado de duas maneiras:

a. Para pressões baixas (algumas centenas de kPa) pode ser utilizada a coluna de mercúrio (manômetro que funciona segundo o princípio da hidrostática). O valor da pressão será:

$$P = \rho g h$$

Em que:

ρ = massa específica do mercúrio

g = aceleração da gravidade no local

h = altura da coluna de mercúrio

A massa específica é sensível à variação da temperatura e pode limitar consideravelmente a incerteza da medida.

O manômetro de mercúrio padrão tem uma construção especial. Para detectar o nível do mercúrio entre uma cuba móvel e uma cuba fixa, utiliza uma ponte capacitiva, e para medir a altura da coluna, utiliza um interferômetro. A temperatura é mantida com variação inferior a 0,1°C.

b. Para qualquer faixa de pressão o pascal pode ser realizado a partir de uma balança de pressão que é um instrumento de equilíbrio de forças (balança de peso morto).

O sistema principal em que a massa padrão é colocada constitui-se de um pistão com movimento circular para redução dos atritos e com a área da seção transversal conhecida. Nessas condições P = mg / S, sendo S a área da seção transversal. A balança de pressão pode ser construída para pressões relativas a partir de 10^{-3} Pa até 1 GPa com incerteza da ordem de 10^{-5} Pa a 10^{-6} Pa.

O Laboratório de Pressão do Inmetro (Lapre) é o laboratório de referência responsável pela realização, manutenção e guarda da unidade de Pressão (pascal) do SI. Os principais padrões metrológicos sob a responsabilidade do Lapre são:

- Medidor iônico
- Spinning Rotor Gauge
- Medidores capacitivos
- Balanças de pressão
- Barômetros

Padrão de Temperatura

A temperatura termodinâmica T é a grandeza que caracteriza o estado térmico de um sistema. Para sua realização será necessário evidenciar fenômenos físicos relacionados a este estado, tornando os procedimentos onerosos e difíceis de executar (estado de um gás perfeito, radiação do corpo negro, troca de energia etc.). Na prática utilizam-se os pontos fixos de temperatura que formam a base da escala de temperatura EIT-90 (Escala Internacional de Temperatura).

Os pontos fixos correspondem às transições de fases de corpos puros, como o ponto triplo, o ponto de solidificação, o ponto de fusão e o estado de equilíbrio líquido-vapor.

Várias temperaturas foram adotadas como pontos de referência primária. A Escala Internacional de Temperatura de 1990 foi adotada pelo Comitê Internacional de Pesos e Medidas na sua reunião de 1989.

- Entre 0,65 K e 5,0 K a temperatura é definida em termos da relação pressão de vapor - temperatura dos isótopos do hélio.
- Entre 3,0 K e o ponto triplo do neon (24,5561 K) a temperatura é definida por meio de um termômetro a gás (hélio).

- Entre o ponto triplo do hidrogênio (13,8033 K) e o ponto de solidificação da prata (961,78 °C) a temperatura é definida por meio de um termômetro de resistência de platina.
- Acima do ponto de solidificação da prata a temperatura é definida em termos da lei da radiação de Planck.

O Laboratório de Pirometria do Inmetro (Lapir) é o responsável pela guarda, manutenção e realização da grandeza de temperatura, na faixa definida pela Escala Internacional de Temperatura de 1990 - ITS-90, acima do ponto de solidificação da prata 1234,93 K (961,78 °C). São os seguintes os principais padrões sob a responsabilidade do Lapir:

- Célula do ponto de solidificação da prata 961,78 °C;
- Lâmpadas pirométricas de alta estabilidade (a vácuo e de gás);
- Pirômetro fotoelétrico padrão.

Padrão da Intensidade Luminosa

A candela pode ser realizada medindo a energia de uma fonte luminosa. A definição relaciona uma sensação visual (uma radiação monocromática vista por um observador padrão) a uma energia medida naquela direção.

A montagem consiste na medição da energia emitida pela fonte luminosa ao atravessar um filtro cuja função é simular a resposta do sistema visual. A incerteza desta realização está em torno de $3 \cdot 10^{-3}$ cd.

A guarda, a manutenção e a realização da unidade de intensidade luminosa (candela) SI são responsabilidade do laboratório de fotometria (Lafot) e do laboratório de radiometria (Larad) do Inmetro. Os principais padrões metrológicos do País sob a responsabilidade do Lafot e Larad são os seguintes:

- Lâmpadas padrão de intensidade luminosa;
- Lâmpadas padrão de fluxo luminoso;
- Radiômetro padrão com detectores de (SI) e piroelétrico;
- Lâmpadas padrão de radiância espectral;
- Lâmpadas padrão de irradiância espectral.

Padrão de Quantidade de Matéria

Não há apenas um padrão primário para a realização do mol.

Uma das maneiras de realizar o mol é pela determinação da Constante de Avogadro e estabelecer a molaridade da amostra contando o seu número de constituintes. Esse número deve ser dividido pelo número de Avogadro.

Outra maneira de realizar o mol e que não exige o número de Avogadro:

- Determinar a massa de 1 mol do elemento A, empregando a relação da massa atômica de 1 mol de A pela massa atômica de 1 mol de ^{12}C.
- Determinar a molaridade de A, comparando a massa determinada com a massa molar de A.

ANOTAÇÕES

Capítulo 4

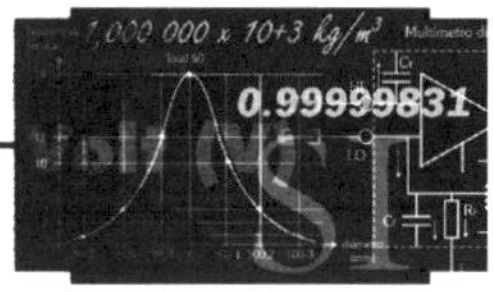

RESULTADOS DE VALORES MEDIDOS

INTRODUÇÃO

O resultado de uma medição, para expressar de forma numérica o valor de uma grandeza física, sempre está associado a uma incerteza inerente ao processo. Os fatores que influenciam nos erros dos valores medidos devem ser do conhecimento do operador, tais como:

- condições ambientais que impliquem em correções para comparação com valores normalizados;
- métodos indiretos de medida que envolvam operações matemáticas;
- arredondamentos;
- conversão de unidades;
- leituras estimadas;
- instrumentos envolvidos.

LEITURA EM INSTRUMENTOS INDICADORES ANALÓGICOS

Estimar a leitura nos instrumentos indicadores analógicos não é uma tarefa independente do operador. Por fatores subjetivos, a leitura no instrumento pode ser ampliada, tornando-o mais exato do que realmente o fabricante pode garantir. Vamos tomar como exemplo prático a leitura de um termômetro bimetálico de faixa nominal 300 °C, executada por três operadores. O fabricante especifica um erro máximo admissível de ± 1 % e a escala está marcada com divisões de 10 °C. Não há erro de paralaxe, ou seja, de qualquer ângulo de observação o operador nota sempre o mesmo valor.

- O operador A lê: 292,5 °C
- O operador B lê: 292,0 °C
- O operador C lê: 292,3 °C

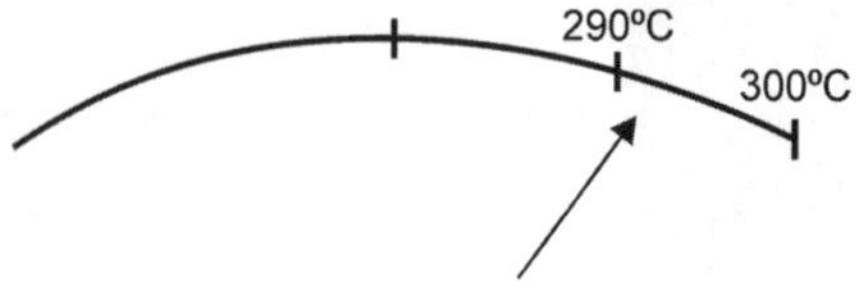

Em uma série de medidas, supondo que o ponteiro permaneça sempre na mesma posição, será razoável supor que a média das indicações coincida com a primeira leitura efetuada, ou seja, os operadores têm certeza dos valores medidos. Quando é calculada a incerteza da medida, vamos verificar que o resultado apresenta incerteza menor do que a esperada e, portanto, com algarismos que não são significativos. O operador deve ter em vista que um algarismo significativo adicional implica em exatidão dez vezes maior, podendo distanciar o número de seu significado físico.

Exemplo 1

Considera-se razoável o seguinte procedimento:

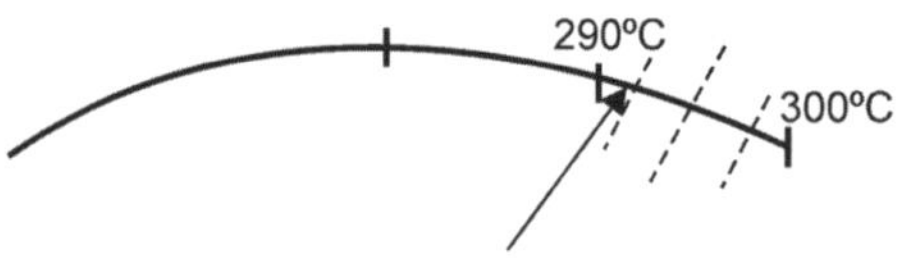

1. Dividir o valor de uma divisão da escala em quatro subdivisões iguais.
2. Anotar a indicação em múltiplos de meia divisão.
3. No exemplo, os valores possíveis serão 290 °C, 295 °C ou 300 °C.
4. Verificar em qual subdivisão está o ponteiro; se o ponteiro estiver na 1ª subdivisão, considerar a leitura inferior; se estiver na 2ª ou 3ª subdivisão, considerar a leitura de meia divisão; se estiver na 4ª subdivisão, considerar a leitura superior.

No exemplo o ponteiro está na 1ª subdivisão, portanto o valor lido será 290 °C.

Exemplo 2

Num manômetro com divisões de 0,5 psi, estimar a leitura em passos de 0,25 psi.

Exemplo 3

Considerar o voltímetro da figura com faixas de 75 V, 150 V e 300 V.

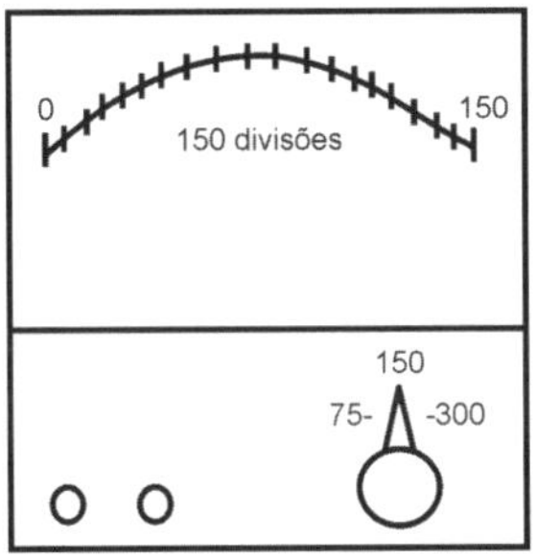

A escala do voltímetro tem 150 divisões. Na faixa de 75 V, cada divisão corresponde a 0,5 V, sendo recomendável a leitura de 0,25 V, conforme a tabela seguinte:

Faixa	Nº de divisões	Valor de uma divisão	Leitura recomendável
(V)		(V)	(V)
75	150	0,5	0,25
150	150	1	0,5
300	150	2	1

Exemplo 4

Leitura recomendável da indicação de um voltímetro com escala de 120 divisões e faixas de 60 V, 150 V e 300 V.

Esse voltímetro, embora comum no comércio, apresenta a falta de uma escala apropriada para as faixas de 150 V e 300 V. Analisando a escala com 120 divisões, teremos:

Faixa	Nº de divisões	Valor de uma divisão	Leitura recomendável
(V)		(V)	(V)
60	120	0,5	0,25
150	120	1,25	0,625
300	120	2,5	1,25

A melhor leitura que se pode obter com esse instrumento é na faixa de 60 V com meia divisão valendo 0,25 V. Nas faixas de 150 V e 300 V teremos, respectivamente, meia divisão valendo 0,625 V e 1,25 V, exibindo maior exatidão do que o instrumento realmente é capaz de indicar. Os valores corretos serão:

Faixa	Nº de divisões	Valor de uma divisão	Leitura recomendável
(V)		(V)	(V)
60	120	0,5	0,25
150	120	1,24	0,6
300	120	2,5	1

Exemplo 5

Qual é a indicação do micrômetro seguinte (valor de uma divisão 0,01 mm).

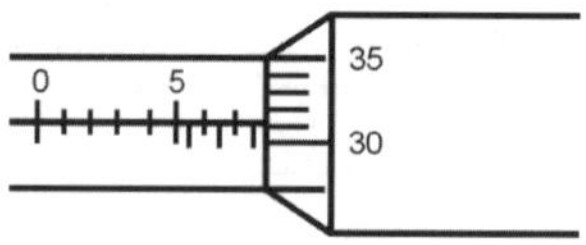

Leitura = 7 mm + 0,5 mm + 0,31 mm

Cada divisão do tambor corresponde a 0,01 mm. Meia divisão corresponde a 0,005 mm, leitura recomendável. Por razões de especificações de normas pode-se estimar essa divisão em quatro ou cinco partes, porém os números resultantes não terão grande significado.

ERROS DE MEDIÇÃO

O erro de medição é definido como o grau de concordância entre um valor medido e um valor verdadeiro de um mensurando. Podemos definir o mensurando como sendo o objeto da medição, ou seja, a grandeza específica submetida à medição.

Vamos supor que uma balança foi calibrada com uma massa padrão de 10,000 kg e indicou o valor 9,96 kg. O erro de medição será:

- e = erro = valor medido - valor verdadeiro
- e = 9,96 kg − 10,000 kg = −0,04 kg

Quando conhecemos a natureza e a ordem de grandeza de um erro de medição, podemos limitá-lo a valores que tornem a medida confiável. O operador deve dominar pelo menos três tipos de erro que provocam influência aditiva no erro de medição: o erro sistemático, o erro aleatório e o erro grosseiro.

Erro Sistemático

O erro sistemático é um componente do erro de medição que, em medições repetidas, permanece constante ou varia de uma maneira previsível. O erro sistemático pode ser causado por um desgaste do sistema de medição, por um dos ajustes, por fatores construtivos, pelo método de medição, por condições ambientais etc. Na maioria das vezes, o erro sistemático não é constante na faixa de operação do sistema de medição, tornando-o de difícil previsão ao longo dessa faixa. Pode-se aplicar uma correção para compensar o erro sistemático quando ele é conhecido.

As condições de repetitividade são obtidas com os mesmos parâmetros durante a medição. Por exemplo, o mesmo operador, o mesmo local e instrumentos, tomada das leituras no mesmo ponto e com um intervalo de tempo curto, mesmo método de medição, mesma condição ambiental.

Exemplo 1

Numa série de dez medições de um bloco padrão com dimensão de 25 mm utilizando um micrômetro digital com valor de uma divisão de 0,001 mm, foram obtidas as seguintes leituras (em mm):

25,003	25,003	25,004	25,003	25,004	25,003	25,003	25,004	25,003	25,000

A média é 25,003 mm, portanto o erro é de 0,003 mm. Como um número infinito de medições é inatingível, podemos julgar que a média aritmética das medidas também convergirá para o valor de 25,003 mm, portanto, como as condições de repetitividade foram obedecidas, o erro obtido é o erro sistemático do micrômetro.

Nem sempre a causa desse erro é facilmente identificável, sendo necessária a medição de outros valores para obter mais parâmetros de análise (exemplo: se o micrômetro estiver com a indicação de zero correta, pode ser problema de paralelismo das pontas).

Exemplo 2

Resultados da calibração de um termômetro digital com sensor Pt –100 na faixa de 0° C a 200 °C:

Indicação (°C)	Valor medido (°C)	Erro (°C)
0,0	0,0	0,0
100,2	100,4	–0,2
199,8	200,2	–0,4

A análise destes resultados indica que o erro sistemático pode ser minimizado com um ajuste de ganho no condicionador de sinal ou em certos casos no próprio conversor A/D.

Erro Aleatório

O erro aleatório é o componente do erro de medição que, em medições repetidas, varia de maneira imprevisível. Para um número grande de medições observam-se variações de valores em torno de um valor médio que se manifesta de forma imprevisível. Como na prática o número de medições é finito, é possível apenas estimar o erro aleatório. Os fatores que contribuem para o aparecimento do erro aleatório podem ser devido aos atritos, vibrações, folgas, flutuações de rede, instabilidade interna, condições ambientais etc. O erro aleatório é igual à diferença entre o erro de medição e o erro sistemático.

Exemplo 1

O canal A de um osciloscópio está conectado ao seu calibrador interno com amplitude de 800 mV. Foi anotado o valor do erro para o fator de deflexão de 100 mV/div e para 200 mV/div:

Fator de deflexão (mV / div)	erro na leitura 1 (%)	erro na leitura 2 (%)	erro na leitura 3 (%)
100	0	-2	6
200	-1	-6	-4

Podemos notar que o erro não segue nenhum tipo de lógica, como, por exemplo, uma curva que torne os resultados previsíveis. Tudo indica que a origem desse erro é um mau contato na chave que comuta o fator de deflexão.

Exemplo 2

Numa série de medições com um medidor de espessura de tinta analógico, a indicação do instrumento com um padrão de 30 μm varia entre 20 μm e 25 μm, mas quando ele recebe uma pancada leve com a ponta dos dedos, a indicação é de 30 μm. Neste caso o instrumento está infiel, portanto o erro aleatório pode ser devido ao atrito nos mancais, eletricidade estática no visor, folga no pivô, ponteiro enroscando etc.

Exemplo 3

Um resistor padrão de 10 kΩ é conectado na entrada de um multímetro. O valor da resistência em kΩ indicado pelo multímetro varia entre 9,990 kΩ e 10,015 kΩ, mantendo-se as condições de repetitividade. Qual é o valor do erro aleatório?

Trata-se de uma medição com um instrumento instável. Qualquer tentativa de determinar o erro vai dar um resultado insatisfatório e com uma incerteza muito alta.

Erro Grosseiro

O erro grosseiro não está definido no VIM, uma vez que ele é devido aos fatores externos e não aos instrumentos.

A origem do erro grosseiro pode ser fortemente identificada: leitura errônea, defeito do sistema de medição, manipulação indevida, anotação errada etc. Embora a eliminação completa do erro grosseiro seja impossível, sua causa deve ser detectada e reduzida, principalmente com o treinamento do pessoal envolvido. Erros grosseiros acontecem quando se atribui falta de cuidado ou maus hábitos, como leitura imprópria no instrumento, anotação dos resultados diferente dos valores lidos, ajuste incorreto do instrumento, erros devido às cargas dos circuitos e dos instrumentos, instrumento fora de zero etc., os quais não podem ser tratados matematicamente. Descuido com paralaxe também é uma forma de erro grosseiro.

CONCEITOS BÁSICOS EM ESTATÍSTICA

Média Aritmética

O valor mais provável da medida de uma variável é a média aritmética das medidas efetuadas. A melhor aproximação será feita quando o número de medidas da mesma grandeza for elevado. Teoricamente um número infinito de medidas seria necessário, embora na prática um número finito de medidas seja realizado. A média aritmética é dada pela seguinte expressão:

$$\bar{x} = \frac{x_1 + x_2 + \ldots + x_n}{n} = \frac{\sum x}{n}$$

em que:

$\bar{x}$ = média aritmética

$x_1, x_2, \ldots x_n$ = medidas efetuadas

n = número de medidas

Desvio da Média

O desvio da média pode ser expresso por:

$$\begin{aligned} d_1 &= x_1 - \bar{x} \\ d_2 &= x_2 - \bar{x} \\ &\vdots \\ d_n &= x_n - \bar{x} \end{aligned}$$

O desvio da média tem sinais positivo e negativo. A soma desses desvios é sempre zero.

Exemplo

Uma medição de corrente foi feita por seis observadores e anotada como 112,8 mA; 112,2 mA; 112,5 mA;113,1 mA; 112,9 mA e 112,4 mA.

1. calcular a média aritmética
2. calcular o desvio da média

Média aritmética

$$\bar{x} = \frac{(112{,}8 + 112{,}2 + 112{,}5 + 113{,}1 + 112{,}9 + 112{,}4)\text{mA}}{6} = 112{,}65 \text{ mA}$$

Desvio da média

d_1 = 112,8 mA – 112,65 mA = 0,15 mA

d_2 = 112,2 mA – 112,65 mA = –0,45 mA

d_3 = 112,5 mA – 112,65 mA = –0,15 mA

d_4 = 113,1 mA – 112,65 mA = 0,45 mA

d_5 = 112,9 mA – 112,65 mA = 0,25 mA

d_6 = 112,4 mA – 112,65 mA = –0,25 mA

Note que $d_1 + d_2 + d_3 + d_4 + d_5 + d_6 = 0$

Desvio Padrão

O desvio padrão σ de um número infinito de dados é a raiz quadrada da soma de todos os quadrados dos desvios dividido pelo número de dados n (n tendendo ao infinito).

$$\sigma = \sqrt{\frac{d_1^2 + d_2^2 + \ldots + d_n^2}{n}}$$

Como não conhecemos o valor da média para calcular o valor de $d_1 \ldots d_n$, então devemos estimá-la; portanto, estamos cometendo um erro sistemático de valor igual ao quadrado do erro presumível da média. A expressão para o desvio padrão que elimina esse erro será aproximadamente:

$$s = \sqrt{\frac{d_1^2 + d_2^2 + \ldots + d_n^2}{n-1}}$$

No exemplo anterior o desvio padrão será:

$$s = \sqrt{\frac{[(0{,}15)^2 + (-0{,}45)^2 + (-0{,}15)^2 + (0{,}45)^2 + (0{,}25)^2 + (-0{,}25)^2]mA^2}{5}} =$$
$$= 0{,}339mA$$

Desvio Quadrático Médio

Seja A um valor arbitrário de x e ε o desvio de qualquer valor x_i com relação a A:

$$\varepsilon = x_i - A$$

O desvio quadrático médio é definido como a média aritmética dos quadrados dos desvios ε de todos os valores x_i da grandeza com relação ao valor arbitrário A.

$$\text{Desvio quadrático médio} = \frac{\sum_1^n \varepsilon^2}{n} = \frac{\sum_{i=1}^n (x_i - A)^2}{n}$$

No caso particular em que os desvios são calculados com relação a $\bar{x}$, o desvio quadrático médio chama-se variância. A variância pode ser estimada igual a:

$$\frac{\sum_{i=1}^n (x_i - \bar{x})^2}{n} \quad \text{para um número finito de medidas}$$

Erro Presumível da Média

O valor médio de uma grandeza é calculado empregando um número finito de medidas; portanto, não podemos conhecer o valor verdadeiro da grandeza, sendo então cometido um erro de valor com relação ao valor verdadeiro.

$$E_m = \bar{x} - V$$

em que:

E_m = erro do valor médio da grandeza

$\bar{x}$ = valor médio da grandeza

V = valor verdadeiro da grandeza

Deduzindo o valor de E_m para um número n grande de medidas, teremos:

$$(\bar{x} - V) = E_m = \frac{\sigma}{n^{1/2}}$$

que é conhecido como erro presumível da média ou erro do valor médio.

Exemplo

Determinar a massa específica de um objeto esférico maciço. Foram realizadas cinco medidas da massa e dez medidas de diâmetro (com um micrômetro).

Observação

Massa específica de uma substância é a razão entre a massa da substância e o volume correspondente a essa massa. Usada para corpos homogêneos maciços, líquidos e substâncias. Para os demais casos usa-se a densidade.

Uma unidade muito usual para a massa específica é o g/cm^3, mas no SI a unidade é o kg/m^3. Para transformar uma massa específica de g/cm^3 em kg/m^3, devemos multiplicá-la por 1.000.

Medidas de Massa

Leituras (g)	Desvios	
	d_i(g)	d_i^2 (g^2)
390	6	36
387	3	9
379	-5	25
380	-4	16
384	0	0
M = 384	$\Sigma/d_i/ = 18$	$\Sigma/d_i^2/ = 86$

σ^2 = desvio quadrático médio = 86 g^2/ 5 = 17,2 g^2

σ_p = desvio padrão = $(86\ g^2 / 4)^{1/2}$ = 4,63 g

E_M = erro presumível da média = 4,63 g / $5^{1/2}$ = 2,07 g

Medidas de Diâmetro

Leituras (cm)	Desvios	
	d_i(cm)	$d_i^2\ (cm^2) \times 10^{-6}$
7,230	−0,001	1
7,230	−0,001	1
7,225	−0,006	36
7,230	−0,001	1
7,231	0,000	0
7,235	0,004	16
7,231	0,000	0
7,233	0,002	4
7,234	0,003	9
7,231	0,000	0
D = 7,231	$\Sigma/d_i/$ = 0,018	$\Sigma\ /d_i^2/ = 68 \times 10^{-6}$

Desvio quadrático médio = 68×10^{-6} cm^2 / 10 = $6{,}8 \times 10^{-6}$ cm^2

$$\text{Desvio padrão} = \sqrt{\frac{68 \times 10^{-6}\,cm^2}{9}} = 0{,}0027\,cm$$

E_D = erro presumível da média = 0,0027 cm / $10^{1/2}$ = 0,00085 cm

Massa específica da esfera = $\rho = M / V = 6M / \pi D^3$ =
6 x 384 g / $\pi \times (7{,}231\ cm)^3$ = 1,940 g/cm^3

Desvio padrão de ρ (ver propagação de erros)

$$\text{Desvio padrão da massa específica} = \sigma_\rho = \rho\sqrt{\left(\frac{E_M}{M}\right)^2 + 9\left(\frac{E_D}{D}\right)^2}$$

$$\sigma_\rho = 1{,}940\,g/cm^3\sqrt{\left(\frac{2{,}07\,g}{384\,g}\right)^2 + 9\left(\frac{0{,}00085\,cm}{7{,}231\,cm}\right)^2} = 0{,}010\,g/cm^3$$

portanto, $\rho = (1{,}940 \pm 0{,}010)\ g/cm^3$

POPULAÇÃO, AMOSTRA, DISTRIBUIÇÃO DE FREQUÊNCIA

População

As medidas e as contagens em estatística são limitadas a certos grupos ou conjuntos de objetos chamados de "população". Uma população pode ter um número finito ou infinito de objetos ou elementos.

Exemplo

População	Característica de interesse
Peças injetadas por uma máquina	Uniformidade de cor
Bancos de uma cidade	Lucro mensal
Alunos de um colégio	Jogadores de tênis

Amostra

A amostra é uma parte de uma população estatística. Geralmente é selecionada ao acaso e é usada para fazer estimativas.

Exemplo

Uma fábrica produz 10.000 lâmpadas por dia. Deseja-se controlar o fluxo luminoso das lâmpadas, verificando se obedecem a uma determinada especificação. Ficaria impossível a medição de cada lâmpada, portanto deve-se selecionar ao acaso uma quantidade de lâmpadas para ser ensaiada. Essa quantidade de lâmpadas separadas é uma amostra do total produzido.

Distribuição de Frequência

O número de repetições de cada valor ou grupo de valores de uma grandeza medida é conhecido como frequência. Na série de medições de diâmetro de um eixo, são obtidas medidas com o mesmo valor. Se fizermos um gráfico frequência x medida, teremos uma distribuição de frequência com três características importantes:

1. indicação dos valores mais prováveis da grandeza;
2. indicação da tendência de certos valores em torno de um determinado valor. Está relacionado com o valor médio da grandeza;
3. indicação aproximada do intervalo no qual se encontra o valor da grandeza. Representa a dispersão da grandeza.

Exemplo

Em um pino, foram efetuadas 50 medições de diâmetro conforme a seguinte tabela:

Leitura obtida (mm)	Nº de leituras
99,7	1
99,8	4
99,9	12
100,0	19
100,1	10
100,2	3
100,3	1

Média aritmética = 99,992 mm

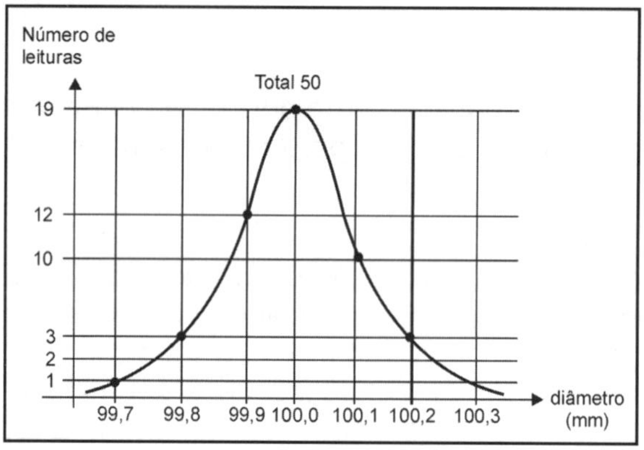

Para um número maior de leituras e com um intervalo menor, vamos observar que a curva torna-se mais definida, assumindo a forma de um sino, sendo conhecida como curva de Gauss ou Normal.

A área sob a curva mede a probabilidade. Por exemplo, a área sob a curva limitada pelos diâmetros de 99,9 mm e 100,0 mm é a probabilidade de encontrar as medidas entre 99,9 mm e 100,0 mm.

O valor médio está concentrado em torno da média aritmética (99,992 mm).

A largura da base entre 99,7 mm e 100,3 mm mede a dispersão que também pode ser medida pelo desvio padrão (aproximadamente metade da base e dois terços da altura máxima, limitando uma área de 68,2% da área total ou $\pm 1\ \sigma$).

As curvas de distribuição podem ter uma infinidade de formas, dentre elas a forma simétrica, a forma ligeiramente assimétrica e a forma assimétrica.

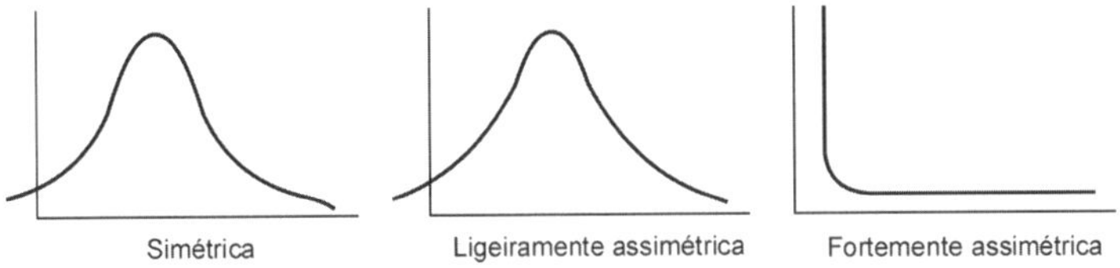

A distribuição simétrica ocorre em casos de biometria, como, por exemplo, a medida da altura de uma pessoa adulta, medida do QI de alunos etc.

A distribuição ligeiramente assimétrica ocorre em biologia, física, economia, meteorologia etc., como, por exemplo, a distribuição de frequência do rendimento familiar em uma determinada cidade.

A distribuição fortemente assimétrica é uma forma limite da distribuição ligeiramente assimétrica, como, por exemplo, a frequência de acertos da loteria em função do número de apostas na cidade.

PROPAGAÇÃO DE ERROS

A maioria das grandezas físicas é obtida de maneira indireta. Se quisermos determinar o valor de uma corrente elétrica utilizando um voltímetro e um resistor, devemos aplicar a lei de Ohm, obtendo o valor dessa corrente de maneira indireta. Se o resistor e o voltímetro empregados na medição são afetados de desvios, na divisão ΔV / ΔR, tais desvios serão combinados, comprometendo o valor da corrente calculada, resultando em uma "propagação de erros". O conceito de propagação de erros será aplicado no cálculo da incerteza de medição.

Se uma grandeza V é função de outras grandezas (variáveis a, b, c,... k), então V = f (a, b,... k).

Exemplos

A corrente elétrica **I** pode ser determinada a partir da tensão **V** e da resistência **R**, então I = f (V, R).

A potência elétrica **P** pode ser determinada a partir da tensão **V** e da resistência **R** pela relação $P = V^2 / R$, então P = f (V, R).

Se o desvio padrão da grandeza a é s_a, da grandeza b é s_b etc. O desvio padrão resultante que afeta V é dado por:

$$s_V = \pm\left[\left(\frac{\partial V}{\partial a}\right)^2 s_a^2 + \left(\frac{\partial V}{\partial b}\right)^2 s_b^2 + \ldots + \left(\frac{\partial V}{\partial k}\right)^2 s_k^2\right]^{1/2}$$

Esta expressão está baseada na série de Taylor de 1ª ordem, em que:

$$\frac{\partial V}{\partial a}$$

é a derivada parcial de V em relação à grandeza a. Estas derivadas são conhecidas como coeficientes de sensibilidade e descrevem como a saída estimada V varia com a variação das entradas estimadas a, b,... k.

Vamos desenvolver diversas formas envolvendo a grandeza V.

1. V = (a ± b)

$$s_V = \pm\sqrt{\left(s_a^2 + s_b^2\right)}$$

2. $V = a^x \cdot b^y \cdot c^z$ em que x, y e z são positivos ou negativos

$$\frac{\partial V}{\partial a} = xa^{x-1} \cdot b^y \cdot c^z$$

$$\frac{\partial V}{\partial b} = yb^{y-1} \cdot a^x \cdot c^z$$

$$\frac{\partial V}{\partial c} = zc^{z-1} \cdot a^x \cdot b^y$$

$$\frac{s_V^2}{V^2} = \left(\frac{xa^{x-1} \cdot b^y \cdot c^z}{a^x \cdot b^y \cdot c^z}\right)^2 s_a^2 + \left(\frac{ya^x \cdot b^{y-1} \cdot c^z}{a^x \cdot b^y \cdot c^z}\right)^2 s_b^2 + \left(\frac{za^x \cdot b^y \cdot c^{z-1}}{a^x \cdot b^y \cdot c^z}\right)^2 s_c^2$$

$$\frac{s_V}{V} = \pm\sqrt{\frac{x^2 s_a^2}{a^2} + \frac{y^2 s_b^2}{b^2} + \frac{z^2 s_c^2}{c^2}}$$

3. $V = G \cdot a$

G = constante

$$s_V = \pm\left[\left(\frac{\partial V}{\partial a}\right)^2 s_a^2\right]^{1/2}$$

$$s_V = \pm G \cdot s_a$$

$$\frac{s_V}{V} = \pm\frac{s_a}{a}$$

4. $V = a^G$

G = constante

Derivação parcial: $\frac{\partial V}{\partial a} = Ga^{G-1}$

$$s_V = \pm\sqrt{\left(\frac{\partial V}{\partial a}\right)^2 s_a^2}$$

$$\frac{s_V}{V} = s_V \pm G\left(\frac{s_a}{a}\right)$$

5. $V = G_1\,a + G_2\,b$

G_1 e G_2 = constantes

$$s_V = \pm\left(G_1^2 s_a^2 + G_2^2 s_b^2\right)^{1/2}$$

6. Soma de potências $V = a^{G1} + b^{G2}$

G_1 e G_2 = constantes

$$s_V = \pm\left[\left(G_1 a^{G_1 - 1}\right)^2 s_a^2 + \left(G_2 b^{G_2 - 1}\right)^2 s_b^2\right]^{1/2}$$

7. Funções trigonométricas

7.1 $V = \text{sen}\,\alpha$

$$\frac{\partial V}{\partial \alpha} = \cos\alpha$$

7.2 $V = \cos\alpha$

$$\frac{\partial V}{\partial \alpha} = -\operatorname{sen}\alpha$$

7.3 $V = \operatorname{tg}\alpha$

$$\frac{\partial V}{\partial \alpha} = \partial\left(\frac{\operatorname{sen}\alpha}{\cos\alpha}\right) = \frac{\cos^2\alpha + \operatorname{sen}^2\alpha}{\cos^2\alpha} = \frac{1}{\cos^2\alpha} = \sec^2\alpha$$

7.4 $V = \operatorname{cotg}\alpha$

$$\frac{\partial V}{\partial \alpha} = \partial\left(\frac{\cos\alpha}{\operatorname{sen}\alpha}\right) = \frac{-\operatorname{sen}^2\alpha - \cos^2\alpha}{\operatorname{sen}^2\alpha} = -\frac{1}{\operatorname{sen}^2\alpha} = -\operatorname{cosec}^2\alpha$$

7.5 $V = \sec\alpha$

$$\frac{\partial V}{\partial \alpha} = \partial\left(\frac{1}{\cos\alpha}\right) = \frac{\operatorname{sen}\alpha}{\cos^2\alpha} = \frac{1}{\cos^2\alpha} = \operatorname{tg}\alpha\sec\alpha$$

7.6 $V = \operatorname{cosec}\alpha$

$$\frac{\partial V}{\partial \alpha} = \partial\left(\frac{1}{\operatorname{sen}\alpha}\right) = \frac{-\cos\alpha}{\operatorname{sen}^2\alpha} = -\operatorname{cotg}\alpha\operatorname{cosec}\alpha$$

Exemplos

1. A potência de um sistema resistivo foi determinada medindo a corrente do circuito e o valor de tensão de alimentação. Qual é o valor encontrado, se U = (20,8 ± 0,1) V e I = (15,6 ± 0,5) A?

Sabemos que a potência é o produto da tensão e da corrente, portanto P = U × I.

P = 20,8 V × 15,6 A = 324,48 W

Desvio padrão que afeta a potência:

$$s_p = \pm P\sqrt{\frac{s_u^2}{U^2} + \frac{s_i^2}{I^2}}$$

$$s_p = \pm 324,48\,W\sqrt{\left(\frac{0,1V}{20,8V}\right)^2 + \left(\frac{0,5A}{15,6A}\right)^2} = \pm 324,48\,W \times 0,0324$$

$$s_p = \pm 10,52\,W \quad \text{ou} \quad \pm 3,2\%$$

O resultado deve ser arredondado para 1 a.s., portanto:

P = (324 ± 10) W

2. Um tensiômetro (com escala graduada em dinas / cm) foi calibrado com uma massa padrão e um paquímetro. A medida foi afetada de um erro devido à massa e ao paquímetro utilizado na medição do anel de platina irídio. Determinar o erro %.

Dados obtidos:

massa padrão: m = (0,8000 ± 0,0003) g

comprimento da circunferência do anel: L = (6,021 ± 0,002) cm

aceleração da gravidade: 981 cm/s^2

> **... Nota ...**
>
> *O tensiômetro é do tipo para medir tensão superficial de fluidos, no formato de uma balança de torção com um anel de perímetro conhecido.*

Determinação de P: $P = \frac{m \cdot g}{2 \cdot L} = \frac{0{,}8000\,g \cdot 981\,cm/s^2}{2 \cdot 6{,}021\,cm} = 65{,}1 \text{ dinas / cm}$

Determinação do desvio que afeta P:

$$\frac{s_p}{P} = \pm\sqrt{\frac{s_m^2}{m^2} + \frac{s_g^2}{g^2} + \frac{s_l^2}{L^2}} \qquad s_g = 0 \text{ (foi adotada como exata)}$$

$$\frac{s_p}{P} = \pm\sqrt{\left(\frac{0{,}0003\ g}{0{,}8000\ g}\right)^2 + \left(\frac{0{,}002\ cm}{6{,}021\ cm}\right)^2} = \pm 0{,}05\%$$

INCERTEZA DE MEDIÇÃO

O resultado de uma medição deve sempre estar acompanhado de uma indicação da qualidade da medida. Essa indicação deve ser facilmente entendida e implementada. O conceito de erro e de sua análise é prática antiga em metrologia, mas o conceito de incerteza como um atributo de confiabilidade é relativamente novo. Existe um consenso mundial de que o método de avaliar e expressar a incerteza seja uniforme em todo o mundo de forma que as medições nos diversos países sejam facilmente comparadas.

O Bureau Internacional de Pesos e Medidas, por meio de um questionário enviado para 32 laboratórios nacionais e cinco organizações internacionais (1978-1979), concluiu que deveria ser elaborado um procedimento aceito internacionalmente para expressar a incerteza da medida e para combinar as incertezas individuais em uma incerteza total. Não houve, na ocasião, um consenso sobre o método a ser usado, porém foi convocado um grupo de trabalho que elaborou uma recomendação que serviu de base à ISO e outras seis organizações internacionais, com a responsabilidade de desenvolver um guia com regras para expressar a incerteza da medição para uso em padronizações, calibração, acreditação de laboratórios e serviços de metrologia.

Atualmente, os laboratórios no Brasil acreditados pelo CGCRE/INMETRO utilizam a versão brasileira do documento de referência EA-4/02 "Expressão da Incerteza de Medição na Calibração" como orientação para o cálculo da incerteza de medição.

TERMINOLOGIA

Incerteza de Medição

Parâmetro não negativo que caracteriza a dispersão dos valores atribuídos a um mensurando, com base nas informações utilizadas.

Mensurando

Grandeza que se pretende medir.

Incerteza Padrão

Incerteza do resultado de uma medição expressa como um desvio padrão.

Avaliação do Tipo A da Incerteza de Medição

Método de avaliação da incerteza pela análise estatística de séries de observações.

Avaliação do Tipo B da Incerteza de Medição

Método de avaliação da incerteza por meios outros que não sejam pela análise estatística de séries de observações.

Incerteza de Medição Expandida

Produto de uma incerteza padrão combinada por um fator maior que o número um.

MODELO MATEMÁTICO

Já vimos anteriormente que em muitos casos o mensurando Y não é medido diretamente, mas pode ser determinado a partir de n outras grandezas X_1, X_2, X_3... X_N, pela relação funcional.

$$Y = f(X_1, X_2 \ldots X_N)$$

Nas medições, geralmente temos apenas um mensurando ou grandeza de saída Y a qual pode depender de outros mensurandos ou grandezas de entrada Xi.

Exemplo

Um wattímetro mede uma potência W. Nesse wattímetro há uma entrada de tensão U e uma entrada de corrente I. A indicação do wattímetro é a grandeza de saída W e as grandezas de entrada são a tensão U e a corrente I.

As grandezas de entrada X_1, X_2... X_N, das quais a grandeza de saída Y depende, podem ser vistas como mensurandos que dependem de outras grandezas. As grandezas X_1, X_2... X_N, podem ser:

1. Grandezas cujas estimativas e incertezas estão incorporadas à medição, tais como aquelas devido aos padrões utilizados, referências obtidas dos manuais dos fabricantes, materiais de referência etc.
2. Grandezas cujas estimativas e incertezas são determinadas durante a medição, podendo ser obtidas a partir de uma observação ou de uma série de observações repetidas. Podem envolver as correções das indicações dos instrumentos e as correções de temperatura, umidade e pressão.

O valor estimado do mensurando Y, denotado como y, é obtido usando entradas estimadas x_1, x_2... x_N.

$$y = f(x_1, x_2 \ldots x_N)$$

A incerteza padrão associada a y, designada como u (y), é o desvio padrão de Y, determinada a partir das estimativas x_i das grandezas de entrada X_i e suas incertezas padrão $u(x_i)$.

A grande dificuldade da maioria das pessoas ao calcular a incerteza de medição é entender os parâmetros envolvidos na medição e estabelecer uma relação funcional y. Essa relação que expressa a dependência da grandeza de saída com as grandezas de entrada é chamada de *modelo de medição* ou *modelo matemático,* o qual pode assumir expressões matemáticas diferentes para uma mesma medição, conforme o método utilizado. Se houver mais que uma grandeza de saída, o modelo matemático consiste em mais do que uma equação.

Exemplo

Determinar a resistência R de um resistor padrão.

1. Método indireto ou amperímetro-voltímetro (lei de Ohm) - medir a queda de tensão *U* no resistor quando nele passa uma corrente *I* conhecida.

   $R = U / I$, portanto $R = f(U, I)$

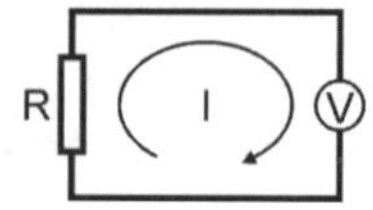

2. Método direto - medir a resistência do resistor com um ohmímetro.

   $R = R_0 + R_1$, portanto $R = f(R_0, R_1)$

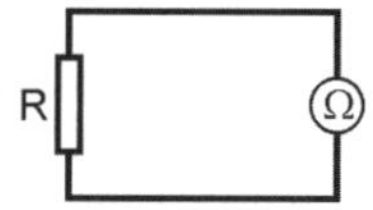

3. Método potenciométrico - passar uma corrente no resistor de resistência R em série com o resistor padrão de resistência Rs e medir a queda de tensão em cada resistor. Supondo que a queda em R seja V_R e a queda em Rs seja V_s, então:

   $R = Rs\ (V_R / V_s)$, portanto $R = f(Rs, V_R, V_s)$

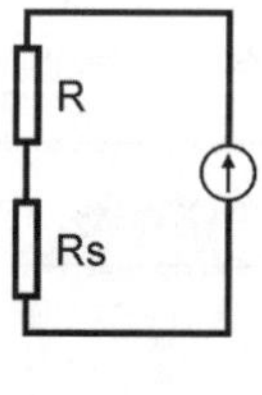

O modelo matemático pode ter uma relação funcional f complicada, devendo modelar a medição no grau de exatidão requerido pelo resultado da medição. Deve incluir as correções, fatores de correção para efeitos sistemáticos e conter todas as grandezas que contribuem com componentes significativos na incerteza de medição.

Exemplos

1. Calibração de uma balança digital utilizando massas padrão

$$I_B = Ms + \delta E + \delta Ms$$

em que:

I_B = indicação da balança

Ms = valor nominal da massa padrão

δE = correção do empuxo do ar

δMs = correção do valor da massa padrão

2. Calibração de calibrador anel liso cilíndrico utilizando o método de comparação com um anel liso cilíndrico padrão e uma máquina universal de medição.

$$d_x = d_s + \delta d_s + \delta l_i + \delta l_E + \Delta\alpha + \Delta(\delta t)$$

em que:

d_x = diâmetro do anel sob calibração

d_s = diâmetro nominal do anel padrão a 20 °C

δd_s = correção do diâmetro do anel padrão

δl_i = correção da indicação da máquina universal

$\Delta\alpha$ = correção devido à temperatura ambiente e à temperatura de 20 °C

$\Delta(\delta t)$ = correção devido à diferença de temperatura dos anéis

δl_E = correção devido à deformação elástica dos anéis pelo efeito da força aplicada

3. Calibração de um multímetro digital portátil na função tensão DC, utilizando um calibrador multifunções.

$$V_{ix} = V_s + \delta V_s$$

em que:

V_{ix} = indicação do multímetro

V_s = tensão gerada pelo calibrador (nominal)

δV_s = correção da tensão gerada pelo calibrador

SIMBOLOGIA

A norma ISO 80000-1:2009 Grandezas e Unidades é o guia para notações e simbologia de grandezas físicas e suas unidades.

A notação que seguiremos é aquela utilizada na publicação EA-4/02 "Expression of the Uncertainty of Measurement in Calibration".

1. Representação dos valores medidos

Utilizar letras (geralmente minúsculas) em itálico. Quando o valor representar uma diferença, ele deve ser precedido da letra grega Δ. O índice i significa indicação.

l_{ix} = indicação (por exemplo do paquímetro sob calibração)

l_s = comprimento (por exemplo do bloco padrão)

V_{ix} = tensão indicada (por exemplo pelo multímetro X)

V_s = tensão gerada (por exemplo pelo calibrador multifunções)

Δl = diferença no deslocamento (por exemplo de um fuso)

Δt = diferença de temperatura (por exemplo entre a temperatura do micrometro e a temperatura do bloco padrão)

2. Representação de valores nominais

Utilizar letras maiúsculas em itálico.

L = comprimento nominal (por exemplo da haste padrão)

R = resistência nominal (por exemplo do resistor)

P = pressão nominal (por exemplo do pressostato)

3. Representação de correções

Utilizar a letra grega δ seguida pela grandeza considerada.

δm_s = correção do valor da massa padrão

δl_i = correção da indicação do micrômetro

4. Representação de limites

Utilizar a letra grega Δ seguida da grandeza considerada.

ΔL_x = intervalo dos desvios possíveis da haste, especificado pelo fabricante

5. Representação de índices para grandezas físicas

Utilizar os índices em itálico.

6. Representação de índices para instrumentos, artefatos etc.

Utilizar os índices em letras normais (não itálicas).

7. Representação de valores de referência

Utilizar a grandeza seguida do índice zero.

p_0 = pressão de referência de 100 kPa

8. Representação da relação de grandezas da mesma espécie

Utilizar letra minúscula em itálico.

$r = R_{iX} / R_{iN}$

9. Representação de grandezas com vários índices

Utilizar o índice que representa o conceito geral à esquerda e o índice que representa o conceito específico à direita.

V_{i1}; V_{i2} ; V_{i3} = tensões indicadas pelos voltímetros 1, 2 e 3 respectivamente

AVALIAÇÃO DA INCERTEZA DE MEDIÇÃO DAS ESTIMATIVAS DE ENTRADA

As estimativas de entrada x_i e suas incertezas padrão associadas são obtidas de uma distribuição de valores das grandezas de entrada X_i.

Exemplo

Calibração de um micrômetro digital utilizando um bloco padrão de 10 mm. Foram efetuadas cinco medidas de comprimento.

A distribuição de probabilidade baseada na frequência (na série de cinco medidas) fornece a base da avaliação da incerteza padrão do tipo A; portanto, avaliações do tipo A dos componentes da incerteza padrão são fundamentadas em distribuições de frequência.

O bloco padrão utilizado também introduz componentes de incerteza, os quais devem ser estudados caso a caso, como, por exemplo, o seu limite de erro, a incerteza do seu comprimento obtida no certificado de calibração, incerteza devido à força de medição, influências das correções de temperatura etc. A resolução do micrômetro também contribui com um componente de incerteza.

Quando em todos os casos a incerteza padrão é avaliada pelo julgamento científico baseado nas informações disponíveis, teremos uma avaliação do tipo B da incerteza padrão.

AVALIAÇÃO DO TIPO A DA INCERTEZA PADRÃO

Pode ser aplicada em uma série de n observações independentes, para uma das grandezas de entrada X_i e nas mesmas condições de medição. Caso o processo de medição tenha resolução suficiente, os valores obtidos apresentarão uma dispersão.

A melhor estimativa para a grandeza Q medida n vezes é a sua média aritmética $\bar{q}$.

$$\bar{q} = \frac{1}{n} \sum_{i=1}^{n} q_i$$

A variância estimada (experimental) das medidas é dada por:

$$s^2(q) = \frac{1}{n-1} \sum_{i=1}^{n} (q_i - \bar{q})^2$$

A raiz quadrada positiva da variância estimada é conhecida como desvio padrão experimental.

A variância da média aritmética é dada por: $$s^2(\bar{q}) = \frac{s^2(q)}{n}$$

A raiz quadrada positiva de $s^2(\bar{q})$ é o desvio padrão experimental da média.

$$s(\bar{q}) = \frac{s(q)}{\sqrt{n}}$$

Exemplo

O diâmetro de um calibrador tampão liso cilíndrico foi medido em uma máquina de medição universal por um método de medição direta, e foi obtida uma série de 12 leituras. Calcular o desvio padrão da medida (avaliação do tipo A).

Leituras obtidas (mm)
10,0020
10,0023
10,0040
10,0023
10,0018
10,0020
10,0021
10,0023
10,0018
10,0024
10,0023
10,0023

Média aritmética das leituras obtidas: $\bar{q}$ =10,0023 mm

Variância das leituras: $s^2(q) = 0{,}33\text{x}10^{-6}\ mm^2$

Variância da média: $s^2(\bar{q}) = \frac{0{,}33 \times 10^{-6}\,mm^2}{12} = 27 \times 10^{-9}\,mm^2$

Desvio padrão experimental da média:

$\sqrt{27 \times 10^{-9}\,mm^2} = 0{,}164 \times 10^{-3}\,mm$

AVALIAÇÃO DO TIPO B DA INCERTEZA PADRÃO

Quando uma quantidade de entrada X_i não for obtida a partir de uma série de observações, a variância estimada u^2 (x_i) ou a incerteza padrão u (x_i) são avaliadas por julgamento científico baseado em todas as informações possíveis da variável X_i, como:

1. medições anteriores;
2. experiência ou conhecimento do comportamento e propriedades dos materiais e instrumentos;
3. especificações fornecidas pelo fabricante;
4. dados de calibração e certificados;
5. incerteza obtida de manuais etc.

Nestes casos, a avaliação da incerteza é conhecida como avaliação do tipo B da incerteza padrão.

Exemplo

No exemplo anterior a incerteza de medição da máquina de medição universal obtida do certificado de calibração é 0,5 µm, para uma probabilidade de abrangência de 95,45% e fator de abrangência k = 2,05. Determinar a avaliação do tipo B da incerteza padrão.

A incerteza obtida do certificado é uma incerteza expandida e foi obtida da seguinte forma:

$$U = k\,u\,(y)$$

em que k = fator de abrangência e u (y) é a incerteza padrão.

Então: u (y) = U / k

u (máquina) = 0,5 µm / 2,05 = 0,244 µm

Quando a informação disponível for a especificação fornecida pelo fabricante, devemos assumir que X_i esteja dentro do intervalo a_- e a_+, sendo igualmente provável que X_i se situe dentro de uma distribuição uniforme ou distribuição retangular dos valores possíveis.

Então, sendo x_i o valor provável de X_i : $x_i = (a_+ - a_-) / 2$

A variância associada será $u^2 (x_i) = (a_+ - a_-)^2 / 12$

Exemplo

1. Um gabarito de referência tem o valor nominal de 32,41 mm. Consultando o manual do fabricante, verificamos que o erro máximo admissível especificado é de ± 0,30 mm.

Baseados nesta informação, podemos supor que o valor do gabarito está entre 32,11 mm e 32,71 mm.

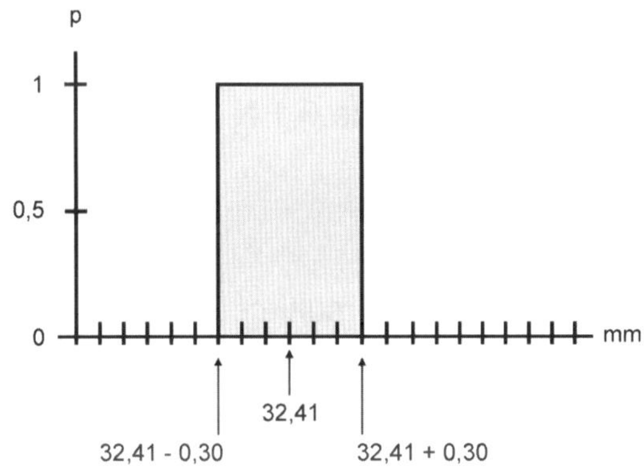

A probabilidade de que o valor 32,41 mm esteja no intervalo 32,11 mm e 32,71 mm é igual a 1, e a probabilidade de que esteja fora deste intervalo é igual a zero (distribuição retangular).

A variância dos possíveis valores do gabarito será:

$u^2_{(gabarito)} = (0,30 \text{ mm} + 0,30 \text{ mm})^2 / 12 = 0,36 \text{ mm}^2 / 12 = 0,03 \text{ mm}^2$

A incerteza padrão será $(0,03 \text{ mm}^2)^{1/2} = 0,17 \text{ mm}$

2. A dimensão de um calibrador é 32,41mm com um erro máximo admissível especificado no manual do fabricante em –0,10 mm e +0,80 mm.

Temos que $a_- = -0,10$ mm e $a_+ = 0,80$ mm, portanto,

$u^2_{(calibrador)} = (0,80 \text{ mm} + 0,10 \text{ mm})^2 / 12 = 0,0675 \text{ mm}^2$

RESOLUÇÃO, HISTERESE E ARREDONDAMENTO

Uma das fontes de incerteza de um instrumento com indicador digital é a sua resolução. A resolução é a menor diferença entre as indicações do dispositivo mostrador que pode ser percebida; portanto, para um indicador digital é a variação de uma unidade do dígito menos significativo.

Exemplo 1

Uma dinamômetro com indicador digital e carga máxima 10 N pode indicar uma força em passos de 0,1 N. A resolução do dinamômetro então é de 0,1 N.

Exemplo 2

Qual é a resolução de um multímetro digital de 5 1/2 dígitos na faixa de 200 V?

O dígito mais significativo assume os valores 0 ou 1; os demais dígitos variam de 0 a 9, portanto na faixa de 200 V a indicação irá de 000,000 V a 199,999 V. A resolução é de 0,001 V.

A resolução é uma fonte de incerteza porque numa série de observações repetidas as indicações poderão ser todas idênticas, porém a incerteza que pode ser atribuída à repetitividade não é nula. Haverá uma faixa de valores de entrada que pode ser variada e a indicação não mudar.

Exemplo 3

Uma balança submetida a uma carga de 10 kg indica 10,00 kg. Com uma carga adicional de 4 g a indicação permanece inalterada porque no dispositivo indicador não existe o dígito de 1 g, entretanto existe uma probabilidade que haja uma mudança para 10,01 kg se for adicionado 5 g à carga, e uma mudança para 9,99 kg se for subtraído 5 g da carga. Este estímulo é descrito por uma distribuição de probabilidade retangular de amplitude 0,01 kg.

Generalizando, se a resolução do dispositivo indicador é δx, o estímulo que produz uma dada indicação pode estar em qualquer lugar no intervalo $X - \delta x / 2$ e $X + \delta x / 2$.

Então a variância será $u^2 = (\delta x / 2 + \delta x / 2)^2 / 12 = \delta^2 x / 12$ ou $u = 0{,}29\ \delta x$ para qualquer indicação.

A histerese causa um tipo similar de incerteza. A indicação do instrumento pode ser diferente do valor esperado, dependendo da tomada das leituras no sentido crescente ou decrescente. Se a faixa de leituras possíveis for δx, a incerteza padrão será 0,29 δx.

O corte de números ou arredondamento também é uma fonte de incerteza e ocorre geralmente em sistemas limitados, devendo ser tratado igualmente como no caso da resolução.

INCERTEZA PADRÃO DA ESTIMATIVA DE SAÍDA

Para grandezas de entrada não correlacionadas, a incerteza padrão é a raiz quadrada positiva da variância $u^2(y)$ dada por:

$$u^2(y) = \sum_{i=1}^{N} \left[\frac{\partial f}{\partial x_i} \right]^2 u^2(x_i)$$

em que:

$y = f(x_1, x_2 \ldots x_N)$ e $\dfrac{\partial f}{\partial x_i}$ é o coeficiente de sensibilidade.

$u(x_i)$ = avaliação (do tipo A ou do tipo B) da incerteza padrão.

As grandezas de entrada $x_1, x_2 \ldots x_N$ são independentes.

Quando as grandezas de entradas são correlatas ou com dependência significativa, a expressão para a variância $u^2(y)$ associada com o resultado da medida será:

$$u^2(y) = \sum_{i=1}^{N} \left(\frac{\partial f}{\partial x_i}\right)^2 u^2(x_i) + 2\sum_{i=1}^{N-1} \sum_{j=i+1}^{N} \frac{\partial f}{\partial x_i} \frac{\partial f}{\partial x_j} u(x_i)u(x_j)r(x_i, x_j)$$

em que x_i e x_j são estimativas de X_i e X_j e $u(x_i, x_j)$ é a covariância estimada associada com x_i e x_j.

O grau de correlação entre x_i e x_j é caracterizado pelo coeficiente de correlação estimado $r(x_i, x_j)$.

$$r(x_i, x_j) = \frac{U(x_i, x_j)}{u(x_i)u(x_j)}$$

Quando x_i e x_j são independentes, $r(x_i, x_j) = 0$.

Se nas mesmas condições de medição para n pares independentes de observações simultâneas tivermos as médias $\bar{q}$ e $\bar{r}$, então a covariância de $\bar{q}$ e $\bar{r}$ será:

$$s(\bar{q}, \bar{r}) = \frac{1}{n(n-1)} \sum_{k=1}^{n} (q_k - \bar{q}) \cdot (r_k - \bar{r})$$

Exemplo

Três blocos padrão de valor nominal 100 mm são colados para obter um comprimento total de 300 mm. Cada bloco padrão foi calibrado com um bloco de referência de 100 mm e com uma incerteza padrão dada no certificado de calibração de 0,1 μm.

Determinar a incerteza padrão deste conjunto.

Comprimento nominal do bloco: L_i = 100 mm

Comprimento do conjunto: L_t = 300 mm

Comprimento do bloco de referência: L_s = 100 mm

Incerteza padrão do bloco de referência: $u(L_s)$ = 0,0001 mm

1. Cálculo sem considerar a correlação:

$$u(L_t) = \sqrt{\sum_{i=1}^{3} u^2(L_s)} = \sqrt{3(0{,}0001\text{mm})^2} = 0{,}000173 \text{ mm}$$

2. Cálculo considerando a correlação devido aos valores calibrados dos blocos.

Para cada par de blocos temos que $r(x_i, x_j) = r(L_i, L_j) = 1$ e os coeficientes de sensibilidade $\frac{\partial f}{\partial x_i} = \frac{\partial L_t}{\partial L_i} = 1$ e ainda $u(x_i) = u(L_i) = u(L_s)$, portanto $u(L_t) = \sum_{i=1}^{3} u(L_s) = 0{,}0003\,\text{mm}$.

INCERTEZA DE MEDIÇÃO EXPANDIDA

A incerteza de medição expandida é obtida pela multiplicação da incerteza padrão u(y) da estimativa de saída y por um fator de abrangência k: U = k.u(y).

O fator de abrangência k deve ser calculado a partir dos graus de liberdade efetivos. Para estimar o seu valor, deve-se considerar a confiabilidade da incerteza padrão u(y) da estimativa de saída y.

Os graus de liberdade são estimados aplicando a fórmula de Welch-Satterhwaite.

$$\nu_{eff} = \frac{u^4(y)}{\sum_{i=1}^{N} \frac{u_i^4(y)}{\nu_i}}$$

em que os $u_i(y)$ (i=1,2,...N) são as contribuições para a incerteza padrão associada à estimativa de saída y, e ν_i são os graus de liberdade efetivos da incerteza padrão $u_i(y)$.

Para uma incerteza padrão obtida pela avaliação do tipo A, $\nu = n - 1$.

Usualmente, para calibrações os laboratórios utilizam uma probabilidade de abrangência de 95,45%, que na distribuição de Student resulta na tabela seguinte:

ν_{eff}	1	2	3	4	5	6	7	8	10	20	50	∞
k	13,97	4,53	3,31	2,87	2,65	2,52	2,43	2,37	2,28	2,13	2,05	2,00

Se ν_{eff} não for inteiro, utilizar o próximo menor inteiro.

Exemplos de Cálculo de Incerteza

Exemplo 1 - Calibração de um peso de valor nominal de 10 kg: (Exemplo S2 do suplemento 1 ao EA-4/02 - S1 exemplos, páginas 30 a 32)

A calibração de um peso de valor nominal de 10 kg da classe OIML M1 é realizada por comparação com um padrão de referência, da classe OIML F2 do mesmo valor nominal, utilizando um comparador de massa cujas características de desempenho tenham sido previamente determinadas.

Medições

Foram efetuadas três observações da diferença em massa desconhecida e a massa padrão utilizando o método de substituição e o esquema ABBA ABBA ABBA, e obtidos os seguintes resultados:

nº	massa convencional	leitura	diferença observada
1	padrão	+0,010 g	+0,01 g
	desconhecida	+0,020 g	
	desconhecida	+0,025 g	
	padrão	+0,015 g	
2	padrão	+0,025 g	+0,03 g
	desconhecida	+0,050 g	
	desconhecida	+0,055 g	
	padrão	+0,020 g	
3	padrão	+0,025 g	+0,02 g
	desconhecida	+0,045 g	
	desconhecida	+0,040 g	
	padrão	+0,020 g	

Média aritmética: $\delta\overline{m} = 0{,}020$ g

Padrão de referência

Dados do certificado de calibração da massa de referência: $m_s = (10\ 000{,}005 \pm 0{,}045)$ g e k=2

Deriva do valor do padrão: $\delta m_D = +15$ mg estimada a partir de calibrações anteriores.

Modelo matemático

A massa convencional desconhecida m_x é obtida a partir de:

$$m_x = m_s + \delta m_D + \delta m + \delta m_C + \delta B$$

em que:

m_s - massa convencional do padrão

δm_D - deriva do valor do padrão desde sua última calibração

δm - diferença observada em massa entre a massa desconhecida e o padrão

δm_C - correção para a excentricidade e efeitos magnéticos

δB - correção do empuxo do ar

Os coeficientes de sensibilidade são unitários, portanto:

$$u(m_x) = [u^2(m_s) + u^2(\delta m_D) + u^2(\delta m) + u^2(\delta m_C) + u^2(\delta B)]^{1/2}$$

A correção do empuxo do ar não será considerada , porém o seu efeito no cálculo da incerteza de medição é um dado importante. Os limites do desvio são estimados como $\pm 0{,}01$ g.

$$\text{Então } u(\delta B) = \frac{0{,}01g}{\sqrt{3}} = 0{,}00577g$$

Informações sobre o comparador de massas

Uma avaliação prévia da repetitividade da diferença de massa entre dois pesos de mesmo valor nominal fornece uma estimativa agrupada do desvio padrão de 0,025 g. Nenhuma correção é aplicada para o comparador, enquanto se estima que as variações devido à excentricidade e ao efeito magnético tenham limites retangulares de $\pm 0{,}01$ g.

$$\text{Então } u(\delta m_C) = \frac{0{,}01g}{\sqrt{3}} = 0{,}00577g$$

$$\text{e } u(\delta m) = \frac{0{,}025g}{\sqrt{3}} = 0{,}0144g$$

Padrão de referência

$$u(m_s) = 0{,}045 \text{ g} / 2 = 0{,}0225 \text{ g}$$

$$u(\delta m_D) = \frac{0{,}015g}{\sqrt{3}} = 0{,}00895g$$

Correlação: Nenhuma das grandezas de entrada é considerada correlacionada em grau significativo.

Balanço de incerteza (m_x)

grandeza X_i	estimativa x_i	incerteza padrão $u(x_i)$	distribuição de probabilidade	coeficiente de sensibilidade c_i	contribuição para a incerteza $u_i(y)$
ms	10 000,005 g	22,5 mg	normal	1,0	22,5 mg
δm_D	0,000 g	8,95 mg	retangular	1,0	8,95 mg
δm	0,020 g	14,4 mg	normal	1,0	14,4 mg
δm_C	0,000 g	5,77 mg	retangular	1,0	5,77 mg
δB	0,000 g	5,77 mg	retangular	1,0	5,77 mg
m_x	10 000,025 g		k = 2		29,3 mg

Incerteza expandida: $U = k\ u(m_x) = 2 \times 29{,}3\ mg \cong 59mg$

Resultado relatado: a massa medida do peso de valor nominal 10 kg é (10,000 025 kg $\pm$ 59 mg).

A incerteza de medição expandida relatada é declarada como uma incerteza padrão da medição, multiplicada pelo fator de abrangência k = 2, que para uma distribuição normal corresponde a uma probabilidade de abrangência de aproximadamente 95 %.

Exemplo 2 - Calibração de Multímetro Digital

O multímetro digital é um instrumento para medir várias grandezas elétricas (exemplo: tensão AC - tensão DC - corrente AC - corrente DC - resistência - condutância - potência - capacitância - indutância - continuidade - teste de semicondutores - temperatura). Essas grandezas são as funções do instrumento divididas em faixas múltiplas de 10.

A calibração de um multímetro digital consiste na comparação direta da sua indicação com um calibrador multifunções ou com outro multímetro de maior exatidão.

Modelo matemático

O modelo matemático dessa calibração é muito simples. Basta lembrar que o erro de indicação do multímetro é a diferença entre a sua indicação e a grandeza na sua entrada fornecida pelo calibrador. A grandeza fornecida pelo calibrador deve ser corrigida devido a alguns fatores que têm que ser bem conhecidos, tais como a deriva, erros devido aos efeitos combinados de não linearidade, ganho, oscilação da tensão de alimentação, efeitos de carga, desvios da temperatura ambiente etc.

Um modelo matemático geral pode ser:

$$E_X = G_{iX} - G_S - \delta G_S$$

em que:

E_X = erro de indicação do multímetro

G_{iX} = indicação do multímetro

G_S = grandeza de saída do calibrador

δG_S = correção da grandeza do calibrador

Exemplo de calibração do multímetro digital 5 1/2 dígitos na função tensão contínua, na faixa de 20 V e no valor de 10 V.

Nenhuma quantidade de entrada é considerada correlata em grau significativo.

Temperatura ambiente (23,0 ± 0,3) °C

Informações sobre o calibrador na faixa de 10 V.

Dados obtidos no certificado de calibração:

Indicação (V)	Valor verdadeiro convencional (V)	Erro (V)	Incerteza de medição (V)	Fator de abrangência k
10,000 00	9,999 06	0,000 94	0,000 07	2,13

Dados obtidos do fabricante do calibrador:

Faixa (V)	Exatidão (temperatura ambiente 18 °C a 27 °C, oscilação da rede ± 5 %, carga > 1 MΩ) – calibração 12 meses
20	± (0,002 % da indicação + 2 dígitos + 0,1 mV)

Passo 1

Modelo matemático

$$E_X = V_{iX} - V_S - \delta V_S \qquad E_X = f\,(V_{iX}, V_S, \delta V_S)$$

E_X = erro de indicação do multímetro
V_{iX} = indicação do multímetro
V_S = tensão gerada pelo calibrador
δV_S = correção da tensão gerada pelo calibrador

Passo 2

Aquisição dos dados

Resultado de cinco medições efetuadas:

Média aritmética: V_{iX} = 10,0004 V

Variância experimental da média: $s^2(V_{iX}) = 53\ nV^2$
Incerteza padrão: $u\ (V_{iX}) = 0,23\ mV$

Passo 3

Cálculo da incerteza padrão

$$u\ (E_X) = [\ c_1^2\ u^2(V_{iX}) + c_2^2 u^2(V_S) + c_3^2 u^2(\delta V_S)\ ]^{1/2}$$

Coeficientes de sensibilidade

$$c_1 = \partial f\ (E_X)\ /\ \partial\ (V_{iX}) = 1$$
$$c_2 = \partial f\ (E_X)\ /\ \partial\ (V_S) = -1$$
$$c_3 = \partial f\ (E_X)\ /\ \partial\ (\delta V_S) = -1$$

Incertezas

Incerteza das leituras do multímetro - $u(V_{iX})$

$$u(V_{iX}) = [s^2(V_{iX}) + (1/12)\ (\delta x)^2\ ]^{1/2}$$

em que:

δx é a resolução do multímetro

A resolução de um instrumento digital é a variação na indicação quando o dígito menos significativo varia de uma unidade. Considerando a resolução como δx, então o estímulo que pode variar o dígito menos significativo pode estar com igual probabilidade entre - δx / 2 e + δx / 2 (distribuição retangular).

$$u^2 = (1/12)\ (\delta x / 2 + \delta x / 2)^2 = 1/12\ (\delta x)^2$$

$$u(V_{iX}) = [\ (0{,}23\ mV)^2 + (1/12)\ (\ 0{,}0001\ V)^2\ ]^{1/2} = 0{,}23\ mV$$

Incerteza do calibrador - $u(V_S)$

$$u(V_S) = [\ (u(V_{certif}) / k)^2\ ]^{1/2}$$

em que:

$u(V_{certif})$ é a incerteza do calibrador para uma saída de 10 V conforme o seu certificado de calibração.

$$u(V_S) = [\ (0{,}00007\ V / 2{,}13)^2\ ]^{1/2} = 32\ \mu V$$

Incerteza devido às correções do calibrador - $u(\delta V_S)$

$$u(\delta V_S) = [\ (1/3)\ (\ \delta V\ )^2\ ]^{1/2}$$

em que:

δV é a exatidão do calibrador conforme o manual do fabricante.

Nem sempre estão disponíveis os dados para correção, porém o fabricante garante a exatidão do calibrador quando as condições de medida são obedecidas, portanto podemos avaliar essa incerteza a partir das especificações.

$$\delta V = \pm\ (0{,}002\ \%\ \text{da indicação} + 2\ \text{dígitos} + 0{,}1\ mV)$$

$$\delta V = \pm\ (0{,}002 \times 10 / 100 + 0{,}00002 + 0{,}0001)\ V = \pm\ 0{,}32\ mV$$

$$u(\delta V_S) = [\ (1/3\ )\ (\ 0{,}00032\ V\ )^2\ ]^{1/2} = 0{,}18\ mV$$

Incerteza $u\,(E_X)$

$u\,(E_X) = [\,1.\,(0{,}00023\ V)^2 + 1.(0{,}000032\ V)^2 + 1.(0{,}00018\ V)^2)\,]^{1/2}$

$u\,(E_X) = 0{,}29\ mV$

Passo 4

Graus de liberdade

A incerteza expandida é dada por U = k u (y), sendo k o fator de abrangência. Para estimar o valor de k, deve ser considerada a confiabilidade da incerteza padrão u(y) da estimativa de saída y. Uma maneira de estimar a confiabilidade da incerteza padrão é por meio dos seus graus de liberdade efetivos ν_{eff}.

Incerteza das leituras do multímetro - $\nu_{eff}\,(V_{iX})$

Foram efetuadas cinco medições, portanto $\nu_{eff1}\,(V_{iX}) = 5 - 1 = 4$

Da resolução (distribuição retangular) $\nu_{eff2}\,(V_{iX}) = \infty$

portanto $\nu_{eff}\,(V_{iX}) = 4$

Incerteza do calibrador - $\nu_{eff}\,(V_S)$

Distribuição retangular, portanto $\nu_{eff}\,(V_S) = \infty$

Incerteza devido às correções do calibrador - $\nu_{eff}\,(\delta V_S)$

Distribuição retangular, portanto $\nu_{eff}\,(\delta V_S) = \infty$

Graus de liberdade efetivos: $\nu_{eff}\,(E_X) = (0{,}29\ mV)^4 / [(0{,}23\ mV)^4 / 4] = 10$

Para $\nu_{eff}\,(E_X) = 10$ k = 2,28 (probabilidade 95,45%)

Passo 5

Balanço de incertezas

Grandeza X_i	Estimativa x_i	Incerteza padrão $u(x_i)$	Distribuição de probabilidade	Coeficiente de sensibilidade c_i	Contribuição para a incerteza $u_i(y)$
V_{iX}	10,0000 V	0,00023 V	normal	1	0,00023 V
V_S	10,00000 V	0,000032 V	normal	-1	-0,000032 V
δV_S	0,0 V	0,00018 V	retangular	-1	-0,00018 V
E_X	0,0013 V		K = 2,28		0,00029 V

Nota: em geral, pode haver confusão na correção da tensão fornecida pelo calibrador. Da análise do certificado, verifica-se que quando o calibrador é programado em 10 V, na sua saída há 9,999 06 V. Existem dois caminhos a seguir:

- programar o calibrador em 10,000 94 V (garantir 10,000 00 V na sua saída)
- corrigir o erro do multímetro sob calibração, subtraindo 0,000 094 V (porque não está sendo aplicado 10,000 00 V e sim 9,999 06 V)

Considerando-se que o técnico adotou o primeiro caso:

E_X = 10,0004 V – 10,00000 V = 0,000 4 V

Incerteza expandida U:

U = 2,28. (0,00029 V) = 0,00066 V

Resultado: erro de indicação em 10 V: E_X = (0,000 4 ± 0,000 6) V

A incerteza expandida de medição relatada é declarada como uma incerteza padrão da medição, multiplicada pelo fator de abrangência k = 2,28, para uma distribuição normal que corresponde a uma probabilidade de abrangência de aproximadamente 95 %.

Exemplo 3

Este exemplo está baseado no exemplo S9 da publicação EA-4/02 e ilustra como a resolução do instrumento afeta a incerteza em que a distribuição final é essencialmente retangular.

Calibração de multímetro digital

Modelo matemático:

$$\varepsilon = I_M - I_c + \delta I_M - \delta I_c$$

Sendo:

ε = erro de indicação do multímetro

I_M = indicação do multímetro

I_c = indicação do calibrador (tensão gerada no calibrador)

δI_M = correção da indicação do multímetro devido à resolução

δI_c = correção do sinal gerado pelo calibrador (geralmente para deriva desde a sua última calibração, desvios causados por erros de linearidade ou por "offset", desvios causados pela temperatura ambiente).

Exemplo de calibração do multímetro digital na função tensão contínua, na faixa de 32 V e no valor de 20 V.

Nenhuma grandeza de entrada é considerada correlata em grau significativo.

1. Aquisição dos dados

Leitura	Indicação (V)
1	20,01
2	20,01
3	20,01

Observar que as indicações são estáveis, principalmente por causa da baixa resolução do multímetro. Na faixa de 32 V o dígito menos significativo corresponde a 0,01 V. A correção devido à resolução finita é 0,00 V dentro de um limite de ± 0,005 V que é a metade do dígito menos significativo. A incerteza padrão associada ao resultado da medida é fortemente influenciada pela baixa resolução do instrumento, e então não podemos garantir a hipótese da distribuição normal para o cálculo do fator de abrangência k (EA - 4 / 02 5.6) utilizando a fórmula de Welch-Satterhwaite. Neste caso a distribuição real de probabilidade da estimativa de saída, para obtermos um valor de k para 95 %, deve considerar os seguintes fatores:

a. incerteza devido à resolução

$u_{\delta IM}(\varepsilon) = [\,1/3\,(0{,}005\ V)^2\,]^{1/2} = 0{,}0029\ V$

b. incerteza devido aos demais fatores (veja 2, Calibrador)

- incerteza do calibrador conforme o seu certificado de calibração

  $u_{certif}(\varepsilon) = (0{,}0001\ V / 2) = 0{,}00005\ V$

- incerteza devido à resolução do calibrador

  $u_{resol}(\varepsilon) = [\,1/3\,(\,0{,}00005\ V)^2\,]^{1/2} = 29\ \mu V$

- incerteza devido a outras fontes, conforme a exatidão especificada pelo fabricante

  $u_{EMA}(\varepsilon) = [\,(1/3)\,(\,(0{,}002 \times 20\ V / 100\,) + 0{,}0005\ V)^2\,]^{1/2} = 0{,}00045\ V$

- incerteza total

  $u_{Ic}(\varepsilon) = (0{,}00005^2 + 0{,}000029^2 + 0{,}00045^2)^{1/2} = 0{,}00045\ V$

  $u_{Ic}(\varepsilon) = [(0{,}00005^2 + 0{,}000029^2 + 0{,}00045^2)\ V^2\,]^{1/2} = 0{,}00045\ V$

- relação das incertezas

  $u_{Ic}(\varepsilon) / u_{\delta IM}(\varepsilon) = 0{,}00045\ V / 0{,}0029\ V = 0{,}16$

Observe que a contribuição da incerteza devido à resolução é muito maior que as das outras incertezas (relação das incertezas igual a 0,16), portanto não podemos calcular os graus de liberdade efetivos pela fórmula de Welch-Satterhwaite que é válida para distribuição normal.

A distribuição resultante dos valores que podem ser atribuídos como erros da indicação é retangular e o valor de k será $k(p) = p\sqrt{3}$. Para p = 95% temos k = 1,65.

2. Calibrador

- Erro de linearidade conforme o certificado de calibração, no ponto de 20 V, sendo neste ponto a saída gerada igual a 20,0002 V.
- Incerteza de medição conforme o certificado de calibração, no ponto de 20 V: ±0,0001 V com k=2.

- A deriva desde a última calibração foi desprezível, podendo ser considerada igual a zero.
- Segundo as especificações do fabricante do calibrador, o erro para a saída de tensão contínua na faixa de 100 V é de ±(0,00 2% da saída + 0,5 mV).
- Resolução do calibrador, considerando o dígito menos significativo igual a 0,0001 V.

3. Incerteza padrão

$u(\varepsilon) = (u_{Ic}{}^2(\varepsilon) + u\delta_{IM}{}^2(\varepsilon))^{1/2}$

$u(\varepsilon) = [(0{,}00045^2 + 0{,}0029^2)\,V^2]^{1/2} = 0{,}0029\ V$

4. Incerteza padrão expandida

$U = k.\ u(\varepsilon) = 1{,}65 \times 0{,}0029\ V = 0{,}0048\ V \cong 0{,}005\ V$

5. Balanço de incertezas

Grandeza X_i	Estimativa x_i	Incerteza padrão $u(x_i)$	Distribuição de probabilidade	Coeficiente de sensibilidade c_i	Contribuição para a incerteza $u_i(y)$
I_M	20,01 V	-	-	-	-
I_c	20,00 V	0,00045 V	normal	-1	-0,00045 V
δI_M	0,0 V	0,0029 V	retangular	1	0,0029 V
δI_c	0,0 V	0,00045 V	retangular	-1	-0,00045 V
ε	0,01 V				0,0029 V

6. Resultado

Indicação do multímetro (V)	Indicação do calibrador (V)	Incerteza de medição (V)	Fator de abrangência k
20,01	20,000	0,005	1,65

A incerteza expandida de medição relatada é declarada como a incerteza padrão de medição multiplicada por um fator de abrangência k = 1,65, obtido da distribuição de probabilidade retangular assumida para uma probabilidade de abrangência de aproximadamente 95 %.

FATORES QUE CONTRIBUEM PARA A INCERTEZA DE MEDIÇÃO

Para termos o conhecimento exato do valor de um mensurando, seria necessária uma quantidade infinita de informações. O resultado, mesmo após a correção dos efeitos sistemáticos, continua sendo a estimativa do mensurando, devido à incerteza procedente dos efeitos aleatórios. Existem muitas fontes de incerteza em uma medição, por exemplo:

- o mensurando não está definido completamente;
- amostragem não representativa;
- efeitos causados pelas condições ambientais e suas medições;
- instrumento com pouca resolução;
- procedimento de medição com aproximações nos métodos;
- arredondamentos e constantes com valores aproximados;
- vícios de leitura;
- medições sob condição de repetitividade com variações;
- padrões utilizados.

ANOTAÇÕES

Capítulo 5

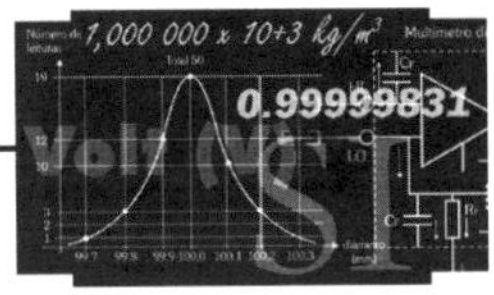

CALIBRAÇÃO

INTRODUÇÃO

Frequentemente os usuários de instrumentos não entendem os motivos pelos quais um instrumento deve ser calibrado, nem avaliam o processo que envolve uma calibração.

No entanto, a calibração é apenas um dos aspectos que o usuário deve observar, ou seja, ela é o resultado de uma série de fatores que vai confirmar a confiabilidade do instrumento e, em consequência, a qualidade da medida na inspeção do produto.

O laboratório de calibração deve garantir:

- a qualidade das suas medições;
- que seu Sistema da Qualidade é eficaz;
- a rastreabilidade dos resultados dos seus padrões;
- que seu pessoal é competente.

A norma ABNT NBR ISO/IEC 17025:2005 Versão Corrigida 2:2006 Requisitos gerais para a competência de laboratórios de ensaio e calibração é um dos documentos que os laboratórios (inclusive os das indústrias) utilizam para compor seus manuais, instruções e procedimentos.

PROCEDIMENTO DE MEDIÇÃO

O procedimento de medição é uma descrição detalhada de uma medição de acordo com um ou mais princípios de medição e com um dado método de medição, baseado em um modelo de medição e incluindo todo o cálculo destinado à obtenção de um resultado de medição. (VIM 2.6)

... Observação...

Um procedimento de medição é usualmente registrado em um documento, que algumas vezes é denominado procedimento de medição (ou método de medição) e normalmente tem detalhes suficientes para permitir que um operador execute a medição sem informações adicionais.

Como Escrever um Procedimento de Medição

Um procedimento de medição pode ser um texto simples ou algo complexo que oriente o técnico passo a passo na execução da calibração. Vamos abordar alguns aspectos para elaboração de um procedimento.

Redação

O redator deve focalizar os objetivos no usuário do procedimento, quanto à leitura, clareza, compreensão do texto, objetividade, simplicidade e concisão. Todas as informações fornecidas devem ser utilizadas, as frases devem ser curtas e simples, os verbos na voz ativa e a pontuação de acordo com as concordâncias da língua portuguesa.

Formato

O procedimento deve ter um formato padronizado (por exemplo, conforme o modelo seguinte).

Logo da empresa

Procedimento de Medição	**PM-XXX**
Título: **Calibração de ....**	

Emitido por:	*Conferido por:*	*Aprovado por:*	*Data:*	*Revisão:*	*Pág.*

Sumário

1. Objetivo
2. Aplicação
3. Documentos de referência
4. Terminologia
5. Equipamentos e materiais
6. Condições ambientais
7. Precauções e preparação
8. Método
9. Registros
10. Determinação e análise dos resultados
11. Incerteza de medição
12. Apresentação dos resultados
13. Anexos
14. Alterações

O cabeçalho é composto de:

- Logotipo da empresa no canto superior esquerdo da 1ª folha (e das demais).
- Identificação única do PM.
- Título: Calibração de...
- Emitido por: nome e visto de quem emitiu o procedimento.

- Conferido por: nome e visto de quem conferiu o procedimento.
- Aprovado por: nome e visto de quem aprovou o procedimento.
- Data: data da emissão do procedimento na última revisão.
- Revisão: número da revisão do procedimento.
- Pág.: número da página no formato página de página.

O conteúdo é composto de:

1. ***Objetivo***

   Descrever a que fim se destina o procedimento e identificar a sua abrangência.

   Exemplo: orientar o técnico na execução da calibração de calibrador anel roscado cilíndrico, desde a sua preparação até a emissão do certificado de calibração.

2. ***Aplicação***

   Citar onde ou para que será aplicado o procedimento.

   Exemplo: aplica-se à calibração de calibrador anel roscado cilíndrico, com valor nominal de 5 mm a 100 mm, utilizando uma máquina universal de medição e pontas esféricas.

3. ***Documentos de referência***

   Citar a documentação de referência para pesquisa e as instruções auxiliares empregadas como fonte de consulta (normas, apostilas, livros, procedimentos).

   Exemplo: Norma NBR NM-ISO 3611: 1997 - Micrômetros para medições externas.

4. ***Terminologia***

   Citar as normas de termos específicos, siglas e abreviações.

   Exemplo: Vocabulário Internacional de Metrologia - VIM 2012

5. ***Equipamentos e materiais***

   Especificar todos os padrões de trabalho, todos os instrumentos auxiliares necessários à calibração e toda infraestrutura, acessórios etc. Para maior clareza, identificar os padrões pelos números de registro ou de série.

   Exemplo: termômetro digital TER-005, microcomputador, programa "multímetros.exe", sabão neutro e pano para limpeza.

6. ***Condições ambientais***

Citar as grandezas de influência significativas para os resultados da calibração e especificar os seus limites aceitáveis. Caso as condições especificadas não puderem ser alcançadas, descrever a orientação de como o técnico deve proceder.

Exemplo: temperatura (20 ± 1) °C; umidade relativa do ar (50 ± 15) %; pressão atmosférica (960 ± 5) mbar.

7. ***Precauções e preparação***

Mencionar quais precauções o técnico deve tomar antes de iniciar a calibração e os equipamentos de proteção individual que serão obrigatórios.

Exemplo: utilizar luvas e fixar a bomba em uma bancada rígida.

Descrever os cuidados no manuseio dos materiais e dos equipamentos, como proceder ao transporte interno, como efetuar a limpeza e detalhar as etapas de montagem, fixação e ajuste.

8. ***Método***

Detalhar o método de calibração a ser utilizado, os parâmetros a serem calibrados, as posições de medição, a quantidade mínima de medições por ponto, o número de pontos a serem medidos, as informações que garantem a repetição do método, os ajustes de zero ou de ganho etc. Convém acrescentar desenhos, fotos e diagramas de montagem.

Orientar o técnico quanto ao procedimento em casos de anormalidade ou quando for necessário um desvio do método empregado.

9. ***Registros***

Especificar o registro de medição a ser utilizado ou a forma e o conteúdo da planilha de registro dos dados.

Identificar o programa de computador empregado e como ele processa os dados.

10. ***Determinação e análise dos resultados***

Descrever os critérios para análise e aceitação dos resultados, como efetuar as correções, como processar os dados manualmente e as equações matemáticas para a determinação dos parâmetros metrológicos.

Orientar o técnico quanto ao procedimento quando os resultados forem inconsistentes e à atitude a ser tomada perante o cliente.

11. ***Incerteza de medição***

Citar os documentos de referência que serão utilizados para o cálculo da incerteza de medição.

Relacionar as fontes de incerteza, suas respectivas estimativas e origens.

Estabelecer um roteiro geral para o cálculo da incerteza de medição e detalhar a forma e o conteúdo da planilha de cálculo.

12. ***Apresentação dos resultados***

Citar como os resultados devem ser apresentados (certificado de calibração, planilha, tabela, gráfico etc.).

13. ***Anexos***

Especificar os anexos ao procedimento, se houver.

14. ***Alterações***

Relacionar as alterações efetuadas.

REGISTRO DE MEDIÇÃO

O registro de medição (ou registro de calibração) é o documento no qual são anotadas todas as observações, medidas, ajustes, documentação empregada, planilha de cálculo, gráficos, registros impressos por computador e, opcionalmente, a planilha de cálculo da incerteza de medição.

Devem constar no registro de medição pelo menos os seguintes dados:

- identificação do laboratório;
- identificação do equipamento (número de identificação fornecido pelo cliente, descrição, número de série etc.);
- número sequencial de entrada/recebimento;
- norma ou procedimento de medição incluindo a revisão;
- condições ambientais;
- anotação de todas as medidas efetuadas;
- resultado da medição e incerteza de medição;
- data e identificação do técnico que efetuou a calibração.

A melhor forma de elaborar um registro de medição é com a utilização de uma planilha de cálculo (exemplo: Excel - StarCalc etc.).

CERTIFICADO DE CALIBRAÇÃO

O resultado da calibração deve ser relatado no formato de um certificado que tem de ser claro, objetivo, trazer as informações solicitadas pelo cliente, as requisitadas pelo método de medição e as necessárias para o cliente interpretar os resultados obtidos.

Para manter uma coerência no formato dos certificados de calibração emitidos pelo laboratório, um modelo padronizado é recomendado e com pelo menos as seguintes informações:

- título "Certificado de Calibração";
- nome e endereço do laboratório;
- identificação única do certificado (o número do certificado) em todas as páginas;
- numeração das páginas no formato página de página;
- nome e endereço do cliente;
- descrição e identificação do instrumento calibrado;
- descrição do procedimento de calibração e do método utilizado;
- condições ambientais durante a calibração;
- evidência da rastreabilidade;
- valores numéricos e suas respectivas unidades;
- incerteza de medição;
- identificação e assinatura do técnico ou pessoa autorizada;
- Datas (calibração e emissão).

Exemplo 1 - Calibração de paquímetro

Calibração de um paquímetro com faixa nominal de 150 mm e valor de uma divisão 0,05 mm, conforme o procedimento de medição PM-047 revisão 09.

Na calibração do paquímetro o técnico utilizou um programa para automação parcial, ou seja, o programa solicita a medição e mostra o valor esperado. O valor mostrado pode ser ajustado em passos de 0,05 mm por meio de uma tecla de subida ou de uma tecla de descida. Quando o ajuste do valor for igual ao valor indicado pelo paquímetro, o operador tecla "enter" ou "clica com o mouse" para aceitar o dado e partir para a próxima medida. Todo o roteiro está de acordo com o procedimento de medição e os valores obtidos são transferidos automaticamente para uma planilha de registro do Excel, a qual efetua todos os cálculos.

Na mesma pasta do Excel foram marcadas as planilhas:

1. Planilha Registro na qual os dados do programa são colados. Todos os cálculos relativos às medições são efetuados e vinculados às demais planilhas.
2. Planilha Incerteza na qual são feitos os cálculos relativos à incerteza de medição.
3. Planilha Certificado na qual os dados são organizados. É o certificado que vai ser enviado ao cliente.

Logo da empresa

Procedimento de Medição	**PM-047**
Título: **Calibração de Paquímetro**	

Emitido por:	*Conferido por:*	*Aprovado por:*	*Data:*	*Revisão:*	*Pág.*
Francisco	Ademir	Rafael	05/04/2000	09	1 de 7

Sumário

1. Objetivo
2. Aplicação
3. Documentos de referência
4. Terminologia
5. Equipamentos e materiais
6. Condições ambientais
7. Precauções e preparação
8. Método
9. Registros
10. Determinação e análise dos resultados
11. Incerteza de medição
12. Apresentação dos resultados
13. Anexos
14. Alterações

Logo da empresa

PM-047	Revisão 09	Página 2 de 7

1. Objetivo

Esse procedimento de medição tem por objetivo orientar o técnico na execução da calibração de paquímetros, desde a sua preparação até a emissão do certificado de calibração.

2. Aplicação

Esse procedimento de medição aplica-se à calibração de paquímetros de uso geral (profundidade, quadrimensionais etc.) e com faixa nominal de até 1000 mm.

3. Documentos de referência

a) norma JIS B 7507-1993 - Vernier dial and digital callipers;

b) norma DOQ-DIMCI-004 revisão 00 - Orientações para a realização de calibrações na área de metrologia dimensional;

c) manual do fabricante (para paquímetros especiais);

d) Guia para Expressão da Incerteza de Medição (ISO - GUM);

e) Versão Brasileira do Documento de Referência EA-4/02 - Expressão da Incerteza de Medição na Calibração (1999).

4. Terminologia

Portaria nº 29 do Inmetro (10/03/1995) Vocabulário Internacional de Termos Fundamentais e Gerais de Metrologia.

5. Equipamentos e materiais

Padrões de trabalho: jogo de blocos padrão classe 0, calibrador anel liso cilíndrico de 100 mm, desempeno.

Medições subsidiárias: termômetro digital e termoigrômetro.

Material de apoio: microcomputador, programa para automação, planilha do registro de medição e planilha para o cálculo da incerteza de medição.

Diversos: luvas, pano para limpeza, tíner ecológico ou produto indicado pelo fabricante do paquímetro.

Logo da empresa

PM-047	Revisão 09	Página 3 de 7

6. Condições ambientais

Temperatura: (20 ± 1) °C

Umidade relativa: (50 ± 15) %

Quando o cliente especificar outros valores de temperatura e umidade, ou quando a calibração for realizada nas instalações do cliente, relatar no certificado de calibração os valores encontrados e as correções efetuadas.

7. Precauções e preparação

Limpar o paquímetro com pano macio e tíner ecológico, tendo o cuidado para não causar qualquer dano às suas partes internas.

Utilizar luvas para manusear os padrões de trabalho e o paquímetro a ser calibrado.

Limpar os blocos padrão com pano macio e tíner ecológico, até a retirada de toda vaselina de proteção.

Quando o fabricante especificar no manual do paquímetro como efetuar a limpeza, seguir as instruções fornecidas, tomando os mesmos cuidados quanto aos possíveis danos.

O período para estabilização térmica deve ser de no mínimo três horas. Fazer as verificações preliminares do estado dos medidores (paralelismo, planeza, alinhamento) e do mecanismo de movimento e trava.

8. Método

Utilizar o método de calibração direta com o emprego de blocos padrão (determinação dos erros de indicação para medidas externas) e o emprego de anel liso cilíndrico (determinação dos erros de indicação para medidas internas).

8.1. Procedimento para a determinação dos erros de indicação

8.1.1. Medição externa (para paquímetros com medidores de medição externa)

Logo da empresa

PM-047	Revisão 09	Página 4 de 7

8.1.1.1. Utilizar blocos padrão com as medidas indicadas na tabela 1 (do anexo). Anotar a temperatura e a umidade relativa na área de trabalho antes da primeira medição e após a última medição do último ponto calibrado.

8.1.1.2. Cada ponto calibrado deve ser o valor da indicação de maior erro do paquímetro em três medições.

8.1.1.3. Primeira medição: posicionar o bloco padrão entre as faces de medição do paquímetro e ajustá-lo na extremidade dos medidores; anotar o valor da indicação do paquímetro (em múltiplos do valor de uma divisão do nônio) no registro de medição.

8.1.1.4. Segunda medição: deslocar o bloco padrão para o centro dos medidores; anotar o valor da indicação do paquímetro (em múltiplos do valor de uma divisão do nônio) no registro de medição.

8.1.1.5. Terceira medição: proceder como na segunda medição (8.1.1.4), deslocando o bloco padrão para o fundo dos medidores.

8.1.1.6. Pontos a serem calibrados: são os pontos indicados na tabela 1 para cada tipo de paquímetro.

8.1.2. Medição interna (para paquímetros com medidores de medição interna)

8.1.2.1. Anotar a temperatura e a umidade relativa na área de trabalho antes da primeira medição e após a última medição.

8.1.2.2. O ponto calibrado deve ser o valor da indicação de maior erro do paquímetro em três medições.

8.1.2.3. Primeira medição: medir o diâmetro interno do anel liso e anotar o valor da indicação do paquímetro (em múltiplos do valor de uma divisão do nônio) no registro de medição.

8.1.2.4. Segunda medição: medir novamente o diâmetro e anotar o valor da indicação do paquímetro (em múltiplos do valor de uma divisão do nônio) no registro de medição.

8.1.2.5. Terceira medição: proceder como na segunda medição (8.1.2.4).

8.1.2.6. Pontos a serem calibrados: calibrar apenas o ponto de 100 mm.

8.1.3. Medição de ressalto (para paquímetros com medidores de ressalto).

8.1.3.1. Anotar a temperatura e umidade relativa na área de trabalho antes da primeira medição e após a última medição.

8.1.3.2. O ponto calibrado deve ser o valor da indicação de maior erro do paquímetro em três medições.

Logo da empresa

PM-047	Revisão 09	Página 5 de 7

8.1.3.3. Utilizar blocos padrão com as medidas indicadas na tabela 1 (do anexo). Anotar a temperatura e a umidade relativa na área de trabalho antes da primeira medição e após a última medição do último ponto calibrado.

8.1.3.4. Primeira medição: fazer uma medida de ressalto utilizando um bloco padrão de 100 mm e o desempeno como superfície de referência; anotar o valor da indicação do paquímetro (em múltiplos do valor de uma divisão do nônio) no registro de medição.

8.1.3.5. Segunda medição: medir novamente o ressalto e anotar o valor da indicação do paquímetro (em múltiplos do valor de uma divisão do nônio) no registro de medição.

8.1.3.6. Terceira medição: proceder como na segunda medição (8.1.3.5).

8.1.4. Pontos a serem calibrados: calibrar apenas o ponto de 100 mm.

8.1.4.1. Medição de profundidade (para paquímetros com medidores de profundidade)

8.1.4.2. Anotar a temperatura e a umidade relativa na área de trabalho antes da primeira medição e após a última medição.

8.1.4.3. O ponto calibrado deve ser o valor da indicação de maior erro do paquímetro em três medições.

8.1.4.4. Primeira medição: fazer uma medida de profundidade utilizando dois blocos padrão de 50 mm e o desempeno como superfície de referência; anotar o valor da indicação do paquímetro (em múltiplos do valor de uma divisão do nônio) no registro de medição.

8.1.4.5. Segunda medição: medir novamente a profundidade e anotar o valor da indicação do paquímetro (em múltiplos do valor de uma divisão do nônio) no registro de medição.

8.1.4.6. Terceira medição: proceder como na segunda medição (8.1.4.5).

8.1.4.7. Pontos a serem calibrados: calibrar apenas o ponto de 50 mm. Para paquímetros que medem exclusivamente a profundidade, fazer medições nos pontos indicados na tabela 1.

Observações

1. Para paquímetros com escala em polegadas, calibrar nos pontos indicados pelo cliente ou nos pontos indicados na tabela 1. A indicação do paquímetro deve ser anotada em mm e em polegadas.
2. Observar que os erros de planeza e paralelismo estão implícitos nos resultados obtidos (indicação do paquímetro).

Logo da empresa

PM-047	Revisão 09	Página 6 de 7

9. Registros

Utilizar o registro de medição específico do tipo de paquímetro a ser calibrado conforme o diretório C:\hpib\Paquímetros.

10. Determinação e análise dos resultados

Os resultados obtidos devem ser analisados criteriosamente, para detectar qualquer indicação incoerente com os valores esperados. Neste caso, repetir a medição (para alguns casos, utilizar métodos alternativos, como, por exemplo, a calibração por outro técnico etc.).

11. Incerteza de medição

Para o cálculo da incerteza de medição, observar as instruções da publicação EA-4/02 (ou outros documentos que venham substituí-la).

Para a avaliação do tipo A da incerteza padrão (devido à variabilidade das leituras), utilizar uma das seguintes metodologias:

a) utilizar os valores obtidos em n >= 3 leituras tomadas no mesmo ponto, em uma mesma calibração do paquímetro;

b) utilizar os valores históricos obtidos em calibrações do mesmo instrumento (mínimo de três medições por ponto e cinco calibrações com intervalo de um ano entre elas);

c) utilizar instrumentos diferentes do mesmo modelo (mínimo de três medições por ponto e cinco instrumentos);

d) para os casos b) e c) estimar a incerteza padrão como a média quadrática das cinco incertezas obtidas.

Para a avaliação do tipo B da incerteza padrão, considerar pelo menos os seguintes fatores, e estimar a influência no valor final da incerteza:

a) limites de erro estabelecidos pelo fabricante do bloco padrão;

b) incerteza de medição do bloco padrão obtida no certificado de calibração;

c) resolução do paquímetro (ou valor de uma divisão do nônio);

d) correção associada à diferença entre a temperatura ambiente e a de referência (20 °C);

e) correção devido à temperatura entre o bloco padrão e o paquímetro;

f) correção devido à força aplicada no bloco padrão.

Logo da empresa

PM-047	Revisão 09	Página 7 de 7

12. Apresentação dos resultados

Os resultados devem ser apresentados na forma de um certificado de calibração, contendo uma ou mais tabelas, com pelo menos as seguintes informações:

- indicação do paquímetro;
- valor nominal do bloco padrão;
- valor nominal do calibrador anel liso;
- incerteza de medição;
- graus de liberdade;
- fator de abrangência k.

13. Anexos

13.1. Tabela 1 - Pontos de medição

13.2. Roteiro para cálculo da incerteza de medição

14. Alterações

Trocado éter de petróleo por tíner ecológico.

Logo da empresa

Anexo ao PM-047 rev. 09 - Pontos de medição	Tabela 1	Página 1 de 2

Utilizar esta tabela na calibração de paquímetros, conforme o procedimento de medição PM-047.

Faixa nominal	Valores dos blocos padrão (mm)				
130 mm x 0,02 mm	1,32	9,50	51,14	101,48	130,00
150 mm x 0,02 mm	1,32	9,50	51,14	101,48	150,00
180 mm x 0,02 mm	1,32	9,50	51,14	101,48	180,00
200 mm x 0,02 mm	1,32	9,50	51,14	151,48	200,00
280 mm x 0,02 mm	9,32	59,50	151,14	151,48	280,00
300 mm x 0,02 mm	9,32	59,50	151,14	201,48	300,00
450 mm x 0,02 mm	51,32	109,50	251,14	301,48	450,00
500 mm x 0,02 mm	51,32	109,50	251,14	301,48	500,00
600 mm x 0,02 mm	51,32	109,50	251,14	301,48	600,00
750 mm x 0,02 mm	51,32	109,50	351,14	501,48	750,00
1000 mm x 0,02 mm	51,32	259,50	551,14	801,48	1000,00
1500 mm x 0,02 mm	151,32	359,50	651,14	801,48	1500,00
2000 mm x 0,02 mm	151,32	359,50	851,14	1001,48	2000,00
150 mm x 0,05 mm	1,35	9,50	51,15	101,45	150,00
200 mm x 0,05 mm	1,35	9,50	51,15	151,45	200,00
300 mm x 0,05 mm	9,35	59,50	151,15	201,45	300,00
450 mm x 0,05 mm	51,35	109,50	251,15	301,45	450,00
500 mm x 0,05 mm	51,35	109,50	251,15	301,45	500,00
600 mm x 0,05 mm	51,35	109,50	251,15	301,45	600,00
750 mm x 0,05 mm	51,35	109,50	351,15	501,45	750,00
1000 mm x 0,05 mm	51,35	259,50	551,15	801,45	1000,00
1500 mm x 0,05 mm	151,35	359,50	651,15	801,45	1500,00
2000 mm x 0,05 mm	151,35	359,50	851,15	1001,45	2000,00
150 mm x 0,01 mm	1,32	9,50	51,14	101,48	150,00

Logo da empresa

Anexo ao PM-047 rev. 09 - Pontos de medição	Tabela 1	Página 2 de 2

Utilizar esta tabela na calibração de paquímetros, conforme o procedimento de medição PM-047.

Faixa nominal	Valores dos blocos padrão (mm)				
200 mm x 0,01 mm	1,32	9,50	51,14	151,48	200,00
300 mm x 0,01 mm	9,32	59,50	151,14	201,48	300,00
450 mm x 0,01 mm	51,32	109,50	251,14	301,48	450,00
500 mm x 0,01 mm	51,32	109,50	251,14	301,48	500,00
600 mm x 0,01 mm	51,32	109,50	251,14	301,48	600,00
750 mm x 0,01 mm	51,32	109,50	351,14	501,48	750,00
1000 mm x 0,01 mm	51,32	259,50	551,14	801,48	1000,00
1500 mm x 0,01 mm	151,32	359,50	651,14	801,48	1500,00
2000 mm x 0,01 mm	151,32	359,50	851,14	1001,48	2000,00

Observação

Calibrar a escala de polegada somente quando for solicitada pelo cliente. Usar os mesmos blocos padrão da escala métrica, pontos próximos aos da tabela 1 ou pontos indicados pelo cliente. Quando o paquímetro tiver somente escala em polegada, calibrar nos pontos próximos aos da escala métrica (tabela 1).

Logo da empresa

Cálculo da Incerteza de Medição do Paquímetro	Anexo ao PM-047 rev. 09	Página 1 de 2

Cálculo da Incerteza de Medição do Paquímetro

1. Modelo matemático

   Erro de indicação do paquímetro:

   $E = M - I + \Delta I + \Delta F + \Delta M.$

   I = comprimento do bloco padrão.

   M = indicação do paquímetro.

   ΔI = diferença de comprimento do bloco devido ao desvio de temperatura em relação a 20 °C.

   ΔF = diferença de comprimento do bloco devido à força aplicada pelo operador.

   ΔM = diferença na indicação do paquímetro devido ao desvio de temperatura em relação a 20 °C

   Os valores ΔI, ΔF e ΔM não serão percebidos devido à resolução do paquímetro. A resolução será considerada igual ao valor de uma divisão.

   Nenhuma das quantidades de entrada é considerada correlata em grau significativo.

   Portanto $E = M - I$

   $$u_c(M) = \left[c^2\left(\frac{I_I}{k}\right)^2 + \left(\frac{rp}{\sqrt{12}}\right)^2 + \left(\frac{sp}{\sqrt{3}}\right)^2\right]^{1/2}$$

2. Incerteza padrão combinada

   I_I = incerteza declarada no certificado do padrão

   rp = resolução do paquímetro

   sp = desvio padrão experimental

   c = coeficiente de sensibilidade = 1

3. Graus de liberdade

   $\nu I_I = \infty$ (consultar o certificado do bloco) distribuição normal

   $\nu_{rp} = \infty$ (distribuição retangular)

   $\nu_{sp} = n-1$ (observações efetuadas) distribuição normal

Logo da empresa		
Cálculo da Incerteza de Medição do Paquímetro	Anexo ao PM-047 rev. 09	Página 2 de 2

4. Fator de abrangência

$$\nu_{eff} = \frac{u_c^4(M)}{\frac{s_p^{\ 4}}{n-1}}$$

Comentário sobre o cálculo do fator de abrangência k:

A incerteza de medição associada ao resultado da medida está influenciada por dois fatores cujas contribuições são dominantes no valor da incerteza de medição:

a) efeito mecânico;

b) resolução.

Nestas condições não se aplica a distribuição normal, portanto a fórmula de Welch-Satterhwaite não é válida. Devemos considerar uma distribuição trapezoidal.

O fator de abrangência para uma probabilidade de 95 % apropriada à distribuição trapezoidal com os parâmetros de β < 0,95 é calculado pela relação:

$$k = \frac{1-\sqrt{(1-p)(1-\beta^2)}}{\sqrt{\frac{(1+\beta^2)}{6}}}$$ (p= probabilidade de abrangência)

Aplicando para β = 0,33 e p = 95 %, temos k = 1,83

5. Incerteza expandida

$U = k.\ u_c(M)$

Registro de Medição

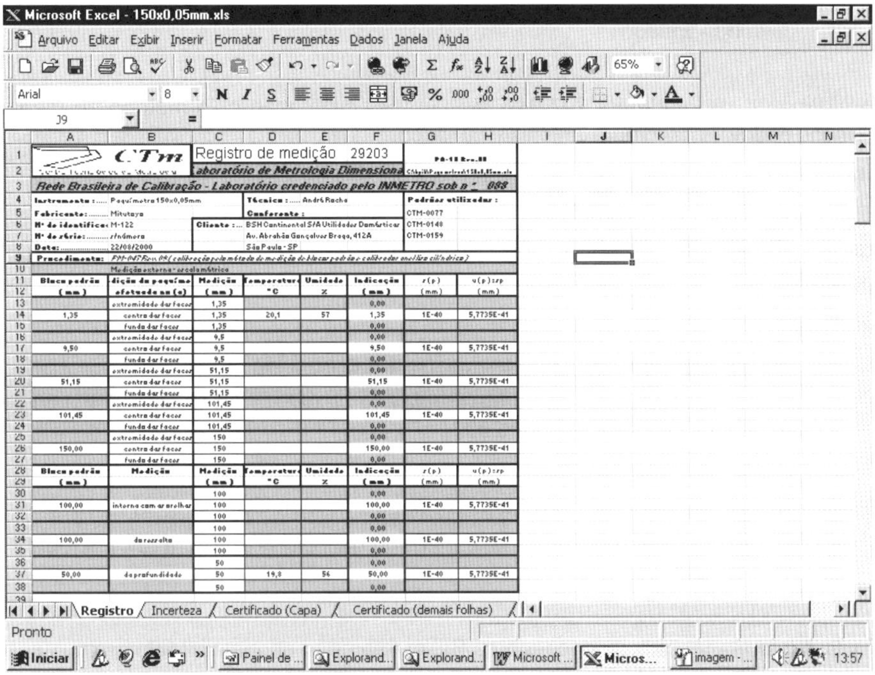

Certificado de Calibração

Logo da empresa

Laboratório de Metrologia Dimensional

Rede Brasileira de Calibração

Laboratório de calibração acreditado pela Cgcre / Inmetro sob o número 088

Logo RBC

Certificado de calibração número 29203

Instrumento: Paquímetro, faixa nominal 150 mm e valor de uma divisão 0,05 mm

Fabricante: Mitutoyo

Identificação: M-122

N$^{\underline{o}}$ de série: s/número

Cliente: Nome do cliente
Endereço do cliente
Cidade - Estado

Procedimento de medição: PM-047 revisão 09 - calibração pelo método de medição de blocos padrão e calibrador anel liso cilíndrico.

Condições ambientais: temperatura (20,0 ± 0,2) °C
umidade relativa (55 ± 3) %

Data da calibração: 22/08/2000

Calibrado por: André Rocha

Padrões utilizados:

Blocos padrão marca CEJ, número de identificação CTM-0077

Rastreados ao INMETRO conforme certificado de calibração CERTI (RBC) número 3313/00 com validade até 22/09/2002.

Desempeno de granito marca Starrett, número de identificação CTM-0148

Rastreado ao INMETRO conforme certificado de calibração IPT (RBC) número 29670 com validade até 07/04/2001.

Calibrador anel liso cilíndrico marca Baker, diâmetro nominal 99,9964 mm, número de identificação CTM-0159.

Rastreado ao INMETRO conforme certificado de calibração CERTI (RBC) número 3310/00 com validade até 21/09/2002

São Paulo, 22 de agosto de 2000.

André Rocha	*Fábio C. Freire*
Técnico	*Técnico*

Este certificado atende aos requisitos de acreditação da CGCRE / INMETRO, o qual avaliou a competência do laboratório e comprovou sua rastreabilidade a padrões nacionais de medida.

1. Os resultados deste certificado referem-se exclusivamente ao instrumento submetido à calibração nas condições especificadas, não sendo extensivo a quaisquer lotes.
2. A reprodução deste certificado só pode ser total. Reprodução de partes depende da aprovação, por escrito, do laboratório emitente.

..................................Endereço da Empresa..................................

página 1 de 2

Logo da empresa

Rede Brasileira de Calibração -
Laboratório de calibração acreditado pela Cgcre / Inmetro sob o número 088

Certificado de calibração número 29203

Instrumento: Paquímetro, faixa nominal 150 mm e valor de uma divisão 0,05 mm

Fabricante: Mitutoyo

Identificação: M-122

Resultados

1.1. Medição externa

Valor verdadeiro convencional (mm)	Indicação do paquímetro (mm)	Erro (mm)	* Erro máx. admissível ±(mm)	Incerteza de medição (mm)	Fator de abrangência k
1,35	1,35	0,00	0,05	0,05	1,83
9,50	9,50	0,00	0,05	0,05	1,83
51,15	51,15	0,00	0,06	0,05	1,83
101,45	101,45	0,00	0,07	0,05	1,83
150,00	150,00	0,00	0,07	0,05	1,83

1.2. Medição interna

Valor verdadeiro convencional (mm)	Indicação do paquímetro (mm)	Erro (mm)	* Erro máx. admissível ±(mm)	Incerteza de medição (mm)	Fator de abrangência k
100,00	100,00	0,00	0,06	0,05	1,83

1.3. Medição de ressalto

Valor verdadeiro convencional (mm)	Indicação do paquímetro (mm)	Erro (mm)	* Erro máx. admissível ±(mm)	Incerteza de medição (mm)	Fator de abrangência k
100,00	100,00	0,00	0,06	0,05	1,83

1.4. Medição de profundidade

Valor verdadeiro convencional (mm)	Indicação do paquímetro (mm)	Erro (mm)	* Erro máx. admissível ±(mm)	Incerteza de medição (mm)	Fator de abrangência k
50,00	50,00	0,00	0,05	0,05	1,83

Observações

- * Erro máximo admissível conforme norma JIS B 7507-1993.
- A incerteza expandida de medição relatada é declarada como a incerteza padrão de medição multiplicada pelo fator de abrangência k=1,83, obtido da distribuição trapezoidal assumida para um fator de abrangência de aproximadamente 95 %.
- A incerteza padrão de medição foi determinada de acordo com a publicação do EA-4/02.
- A indicação do paquímetro corresponde à indicação com maior erro em três medições.

1. Os resultados deste certificado referem-se exclusivamente ao instrumento submetido à calibração nas condições especificadas, não sendo extensivo a quaisquer lotes.
2. A reprodução deste certificado só pode ser total. Reprodução de partes depende da aprovação, por escrito, do laboratório emitente.

....................................Endereço da Empresa....................................

página 2 de 2

Capítulo 6

CONFIRMAÇÃO METROLÓGICA

INTRODUÇÃO

A confirmação metrológica é a atividade de suporte do sistema de gerenciamento da garantia da qualidade, com o objetivo de assegurar a confiabilidade dos dados cujas características vão determinar a qualidade do produto ou o controle do processo. Ao contrário da filosofia de muitas empresas, a tarefa da confirmação metrológica não é uma atribuição dos níveis inferiores da produção ou do controle da qualidade, uma vez que demanda o investimento em recursos materiais e pessoal treinado. A alta administração deve estar compromissada com todas as etapas envolvidas nesse processo e garantir a sua eficácia. A norma ISO/IEC 17025-2005 (segunda edição) estabelece esse compromisso ao tratar do sistema gerencial (4.2) com significado amplo, abrangendo os sistemas da qualidade, administrativos e técnicos que governam as operações de um laboratório.

REQUISITOS PARA CONFIRMAÇÃO METROLÓGICA

Frequentemente a confirmação metrológica é confundida com a calibração do instrumento de medida ou do sistema de medição. As normas da qualidade descrevem alguns requisitos básicos para que o ciclo da confirmação metrológica seja fechado:

- escolha do equipamento;
- calibração e ajuste;
- procedimentos;
- comprovação da situação;
- registros;
- condições ambientais;

- preservação;
- proteção;
- gerenciamento.

Algumas destas etapas podem ser executadas por pessoal que não pertence à empresa, normalmente um laboratório de calibração que oferece as vantagens de possuir os padrões apropriados ao serviço de calibração, pessoal altamente especializado e custo baixo comparado ao dos investimentos que seriam necessários para formar uma equipe própria.

Os requisitos básicos descritos anteriormente são aplicáveis para qualquer empresa, salvo raras exceções.

ESCOLHA DO INSTRUMENTO

A escolha do instrumento de medida para executar uma tarefa quase sempre não obedece a um critério, uma vez que o uso de determinado instrumento pode ser imposto pela instrução do processo ou mesmo pelo operador que "acha" o instrumento adequado.

Mas afinal, como escolher o instrumento certo?

Tenha em mente que você deve conhecer:

1. Os dados nominais sobre a exatidão do seu instrumento, normalmente fornecidos pelo fabricante. Adicionalmente o instrumento deve ser adequado ao tipo de mensurando e compatível com o uso pretendido (um instrumento para medida externa pode ser inadequado para medida interna etc.).
2. O erro aceitável da peça que vai ser medida (ou do processo). Muito cuidado para o instrumento não alterar o mensurando introduzindo cargas (por exemplo, força excessiva, impedância, carga térmica).
3. O erro do seu instrumento; antes de adquiri-lo, estude o método de medição e esteja certo de que o erro será mínimo (por exemplo, medição dinâmica ou estática, diferencial ou direta etc.).
4. A incerteza de medição do seu instrumento; um instrumento que opera com incertezas baixas geralmente tem custo elevado, portanto o compromisso custo/benefício deve ser considerado.

A exatidão do instrumento não é suficiente para garantir a medida da peça, portanto é preciso considerar outros fatores, como o valor de uma divisão, a resolução e, dependendo do processo, outros fatores característicos do instrumento.

Exemplo

Medição de uma barra de comprimento nominal 100,16 mm ± 0,10 mm.

O comprimento da barra está entre 100,06 mm e 100,26 mm.

Se for escolhido um paquímetro com o valor de uma divisão de 0,05 mm, não teremos como medir estes valores porque a resolução é baixa, apesar da exatidão do paquímetro atender a este requisito (o erro máximo admissível para 100 mm conforme a norma JIS B 7505 - 1993 é de ±0,07 mm).

Se for escolhido um paquímetro com o valor de uma divisão de 0,02 mm, podemos fazer a medição, porém com um paquímetro com o valor de uma divisão de 0,01 mm obteremos melhores resultados.

Então, por que não usar um micrômetro? Porque temos que considerar o custo/benefício.

Em geral, após a calibração do instrumento, a pessoa responsável pelo seu gerenciamento compara o erro máximo admissível (dado em normas ou manuais dos fabricantes) com o erro encontrado na calibração; espera-se que o erro esteja dentro dos limites especificados.

Se em relação ao erro o instrumento está aprovado, o próximo passo é comparar a incerteza de medição com um parâmetro definido que pode ser um valor máximo de incerteza ou a soma da incerteza com o erro máximo admissível para definir o limite de erro aceitável. O critério deve ser definido e registrado.

CALIBRAÇÃO, AJUSTE E REGULAGEM

A calibração do instrumento é necessária tanto para estabelecer a correspondência entre a sua indicação com um valor padrão (e outras propriedades metrológicas), quanto para determinar as correções no processo de medição.

Nem todo instrumento necessita de calibração. O bom-senso deve prevalecer sempre que houver alguma dúvida, porém de modo geral devemos calibrar aqueles instrumentos que são usados para controlar a qualidade do produto, sejam eles de clientes, próprios ou emprestados.

O laboratório para efetuar as calibrações deve obedecer aos requisitos da norma ISO/IEC 17025 particularmente quanto à rastreabilidade. Os ajustes efetuados devem ser registrados e de preferência o certificado acompanhado dos resultados antes do ajuste e após o ajuste.

O ajuste do instrumento de medição é necessário para manter o seu desempenho compatível com o uso. Como essa operação é interna ao instrumento, convém que seja realizada por um técnico especializado.

Exemplos de ajuste

- alteração do ganho de um atenuador por meio de um potenciômetro;
- linearização de um sensor por meio de gravação de memória ROM.

Sempre que um instrumento é ajustado, sua recalibração é necessária.

A regulagem de um instrumento de medição também é um ajuste, porém utiliza os recursos externos do instrumento. Quem realiza a regulagem é o usuário.

Exemplos de regulagem

- zeragem do ponteiro de um instrumento analógico;
- linearização da leitura de um medidor de espessura atuando nos controles de zero e ganho (com filme padrão).

PROCEDIMENTOS

Os procedimentos para confirmação metrológica compreendem pelo menos:

1. métodos de calibração (e ajuste, quando aplicável);
2. detalhes do tipo de equipamento, identificação única, localização, frequência de calibração, erro máximo admissível, incerteza de medição;

3. critério de aceitação, em que se especificam:
   - como a média obtida é comparada ao erro máximo admissível;
   - como se demonstra que a incerteza é consistente com os requisitos da medida;
   - como se demonstra que a exatidão do instrumento habilita seu uso conforme as necessidades da medida;
4. métodos de análise para obtenção dos resultados na calibração;
5. métodos de ajuste, correções e reparos;
6. condições ambientais, cuidados no manuseio, embalagem, armazenamento, preservação nas condições de uso do instrumento;
7. proteção do instrumento contra adulteração ou desajuste inadvertido e o critério de onde e como proteger; o uso de lacre ou selos não é aplicável aos instrumentos que possuem controles para serem ajustados pelo usuário;
8. frequência da calibração e qual critério utilizado; como essa frequência é revisada em função do histórico do instrumento;
9. procedimento para controle do equipamento não conforme para evitar seu uso e critério para reparo ou substituição;
10. ação a ser tomada com os equipamentos quando uma não conformidade é detetada;
11. definir os responsáveis pela confirmação e a autoridade outorgada;
12. registros.

COMPROVAÇÃO DA SITUAÇÃO DO INSTRUMENTO

Há várias maneiras de identificar o "status" da calibração do instrumento. Além do controle por meio de um sistema de gerenciamento eficiente, utilizam-se etiquetas com pelo menos as seguintes informações:

- número de identificação do instrumento (opcional);
- número do certificado de calibração;
- data da calibração;
- data da próxima calibração (geralmente o laboratório externo não preenche esse campo) conforme o procedimento interno da empresa;
- visto do responsável pela calibração (opcional).

Quando a etiqueta não puder ser colada no instrumento, deve haver um procedimento para identificá-lo; por exemplo, colando no instrumento uma etiqueta simplificada que sinaliza a próxima calibração e colando a etiqueta normal na sua caixa, invólucro ou local de armazenamento.

Observações ou restrição de uso devem estar identificadas no instrumento por meio de etiquetas devidamente sinalizadas, por exemplo:

- para instrumentos fora de uso, colar etiqueta com a legenda FU (fora de uso);
- para instrumentos não sujeitos à calibração, colar etiqueta com legenda FSC (fora do sistema de calibração);
- para instrumentos reprovados, colar etiqueta com legenda R (reprovado), NC (não conforme) etc.;
- para instrumentos aprovados para uso com restrição, colar etiqueta indicando o que deve ser usado ou o que não deve ser usado.

REGISTROS

Os registros são os documentos que demonstram o cumprimento de todo o planejamento da confirmação metrológica, portanto estão sujeitos aos mesmos procedimentos da empresa quanto à disponibilidade, controle, arquivo, indexação, preservação etc.

CONDIÇÕES AMBIENTAIS

As condições ambientais devem ser mantidas de acordo com as especificações do fabricante, sendo conveniente estreitar a margem especificada, mas nunca aumentá-la. Recomenda-se registrar essas condições quanto aos dados originais e quaisquer correções realizadas. Caso não haja especificações, um procedimento escrito deve ser mantido com os valores aceitáveis e dentro de um bom-senso. Considerar fatores que influenciam no uso, calibração e armazenamento, incluindo pelo menos os seguintes parâmetros:

- temperatura ambiente e tempo de acomodação térmica;
- umidade relativa do ar;
- iluminação na área de trabalho;

- vibração;
- eletricidade estática;
- interferência eletromagnética;
- pressão atmosférica.

PRESERVAÇÃO

A preservação deve ser tratada em um procedimento escrito para prevenir danos, deterioração ou perdas durante os processos de recebimento, manuseio (incluindo uso e transporte) e armazenamento. Os cuidados relativos à preservação devem ser estendidos aos instrumentos utilizados de propriedade de terceiros.

FREQUÊNCIA DA CALIBRAÇÃO

A frequência da calibração estabelece o número de calibrações anuais do instrumento (por exemplo, duas vezes ao ano). São comuns outros termos com a mesma finalidade:

- periodicidade da calibração/intervalo de calibração (por exemplo, a cada seis meses).

A frequência da calibração deve ser estabelecida em um procedimento, sendo o critério escolhido por meio de uma série de fatores, tais como:

- tipo de equipamento e periodicidade estabelecida pelo fabricante;
- análise da tendência conforme os dados das calibrações anteriores;
- histórico de uso e manutenção;
- comparação com a periodicidade de equipamentos similares;
- exatidão da medida.

Quando nenhum dado está disponível, convém pelo menos analisar se o instrumento será submetido a um uso severo, qual a influência do ambiente e qual a exatidão pretendida. Quanto pior for o parâmetro, menor deve ser a periodicidade da calibração.

A frequência da calibração pode ser estabelecida de três maneiras diferentes:

Tempo Calendário

O tempo calendário considera três fatores:

1. degeneração durante o tempo de uso
2. degeneração durante o acionamento
3. degeneração durante o tempo livre

Tempo Real

O tempo real considera dois fatores:

1. degeneração durante o uso
2. degeneração durante o acionamento

Número de Vezes de Utilização

O número de vezes de utilização considera apenas a degeneração durante o acionamento.

AJUSTE DA FREQUÊNCIA DA CALIBRAÇÃO

A frequência da calibração deve ser submetida a uma revisão sistemática, sem a qual o sistema de confirmação metrológica não pode ser considerado confiável.

A frequência da calibração pode ser reduzida em função do histórico das calibrações anteriores quando existe a tendência de não conformidade do equipamento, ou ampliada quando o histórico demonstrar que não haverá alteração na confiança da exatidão e manutenção do instrumento.

Alguns métodos podem ser utilizados para otimizar o fator Risco x Custo no ajuste dos intervalos da calibração:

1. Ajuste automático

Se o instrumento estiver dentro da exatidão requerida, o intervalo da próxima calibração será aumentado; caso contrário, o intervalo será diminuído. A vantagem desse método é que sua aplicação não é difícil, porém requer planejamento detalhado para cada equipamento, portanto seu controle é trabalhoso.

2. Gráfico de controle

Esse método monitora a tendência central e a dispersão a partir de um gráfico de controle de processos. Sua vantagem principal é que os intervalos são confiáveis e permitem verificar a validade dos limites de erro especificados, indicando as causas de variações.

3. Tempo de uso

Permite que equipamentos similares sejam agrupados em famílias. Um histórico do tempo real de operação dos equipamentos vai determinar a proporção dos não conformes, a qual deve estar dentro de um limite preestabelecido. A ampliação ou redução da periodicidade depende de quanto for o desvio em relação a esse limite. A vantagem desse método é que o custo e a quantidade de calibrações variam diretamente com o tempo de uso, porém seu gerenciamento é difícil em virtude de não se saber quando será a próxima calibração.

4. Tempo calendário

Permite que equipamentos similares sejam agrupados em famílias. Um histórico das calibrações dos equipamentos vai determinar a proporção dos não conformes, a qual deve estar dentro de um limite preestabelecido. A ampliação ou redução da periodicidade depende de quanto for o desvio em relação a esse limite. A vantagem desse método é que os equipamentos são agrupados, facilitando seu gerenciamento.

5. Teste em serviço

Nesse método, os parâmetros críticos são monitorados com uma periodicidade menor, até que se encontre uma não conformidade. Neste caso o instrumento é ajustado e calibrado. A vantagem desse método é que o usuário permanece o maior tempo possível com o instrumento, porém a escolha dos parâmetros críticos e a possibilidade de uma falha naqueles parâmetros considerados não críticos podem comprometer a confiança na medição do instrumento.

6. Outros métodos

Há outros métodos para ajustar a frequência da calibração: A1, A2, A3, A4 e o método de Schumacher. Por ser o mais popular, o método de Schumacher é abordado neste livro no apêndice B.

CERTIFICADOS

O resultado da calibração deve ser documentado em um certificado de calibração, de maneira clara e objetiva, incluindo as informações solicitadas pelo cliente, as referentes ao método utilizado e aquelas necessárias à interpretação dos próprios resultados. Para os clientes internos, o certificado pode ser emitido num formato simplificado, desde que o cliente autorize por escrito e as demais informações estejam registradas e disponíveis no laboratório.

Especial atenção deve ser dada ao conteúdo mínimo do certificado estabelecido pela norma ISO/IEC 17025, ou seja:

- **a.** título " Certificado de Calibração ";
- **b.** nome e endereço do laboratório (ou a localização em que a calibração foi realizada, se diferente do endereço do laboratório);
- **c.** identificação única do certificado em todas as páginas e numeração das páginas no formato página de página ou identificação clara do final do certificado;
- **d.** nome e endereço do cliente;
- **e.** descrição do instrumento a ser calibrado;
- **f.** identificação do padrão utilizado e uma descrição breve do método utilizado;
- **g.** condições ambientais;
- **h.** evidência da rastreabilidade da medida;
- **i.** data da calibração;
- **j.** resultado das medidas com suas unidades e incertezas;
- **k.** referência ao procedimento de amostragem quando aplicável;
- **l.** nome, cargo e assinatura da pessoa responsável pelo certificado;
- **m.** declaração de que os resultados aplicam-se somente ao instrumento calibrado;
- **n.** observação sobre a reprodução total do certificado.

CONTROLE DE CALIBRAÇÃO E AJUSTE

A exatidão do instrumento pode ser afetada pelo tempo, pelo uso e pela armazenagem, portanto é necessário um programa de calibração e ajuste com procedimentos e instruções apropriados para essa função.

Quando se adquire um instrumento novo, ele deve ser calibrado por um laboratório qualificado ou pode ser calibrado com um padrão de trabalho da própria empresa, antes de ser colocado em uso.

A empresa deve dispor de uma pessoa que seja responsável pelo programa de calibração. Se for um funcionário próprio, necessita-se conscientizá-lo (e aos usuários também) sobre a importância de um programa eficaz.

Ao ser colocado em uso, o instrumento deve receber uma identificação (placa, etiqueta, marcação etc.) e um cadastro com sua denominação, número de série, localização, setor/usuário, data da colocação em uso, número do certificado de calibração, data da calibração, data da próxima calibração, histórico de manutenção e outras informações que se julgar necessárias.

Os registros de compra, calibração, ajuste e outros que evidenciam o histórico do instrumento devem ser mantidos, uma vez que são necessários para um estudo do comportamento do instrumento e para a revisão do programa de calibração.

ANÁLISE DO CERTIFICADO DE CALIBRAÇÃO

Quando um instrumento é calibrado, alguns passos devem ser seguidos antes do arquivo do certificado. Um dos requisitos da comprovação metrológica é a análise do certificado (também conhecido como validação do certificado), sem a qual fica impossível a afirmação de que o instrumento está adequado ao uso.

O certificado de calibração é o documento que descreve o instrumento de medição ou medida materializada submetido à calibração e informa:

- as condições ambientais em que foi realizada a calibração;
- o aparato técnico utilizado;
- o método de calibração utilizado;

- a rastreabilidade dos resultados, especificando o padrão utilizado;
- o resultado da calibração, confrontando-o com o valor nominal (valor marcado);
- a incerteza da medição.

Esse documento serve para fornecer um diagnóstico do instrumento calibrado:

- Verificar se o instrumento está funcionando corretamente e dentro das especificações do fabricante ou critério de aceitação definido pelo usuário.
- Determinar o erro do instrumento e as correções a serem aplicadas.
- Demonstrar a rastreabilidade e as propriedades metrológicas do mensurando.

A análise inicial do certificado é quanto ao atendimento mínimo aos requisitos de normas. Em seguida realiza-se a análise devido aos requisitos do processo.

A norma obrigatória para laboratórios de calibração é a ABNT NBR ISO-IEC 17025:2005 sendo recomendável a sua aquisição, tendo em vista as mudanças ocorridas. Nela está estabelecido o conteúdo mínimo de um certificado de calibração:

5.10.2. Relatórios de Ensaios e Certificados de Calibração

Cada relatório de ensaio ou certificado de calibração deve incluir, a menos que o laboratório tenha razões válidas para não fazê-lo, pelo menos as seguintes informações:

a) um título (por exemplo, "Relatório de Ensaio" ou " Certificado de Calibração");

b) o nome e o endereço do laboratório, e o local onde os ensaios e/ou calibrações foram realizados, se diferentes do endereço do laboratório;

c) identificação única do relatório de ensaio ou certificado de calibração (tal como número de série) e em cada página uma identificação que assegure que a página seja reconhecida como uma parte do relatório de ensaio ou do certificado de calibração, e uma clara identificação do final do relatorio de ensaio ou certificado de calibração;

d) o nome e o endereço do cliente;

e) identificação do método usado;

f) uma descrição, condição e identificação não ambígua, do(s) item(ns) ensaiado(s) ou calibrado(s);

g) data do recebimento do(s) item(ns) de ensaio ou de calibração, quando isso for crítico para a validade e aplicação dos resultados, e a(s) data(s) da realização do ensaio ou calibração;

h) referência ao plano de amostragem e procedimentos utilizados pelo laboratório ou por outros organismos, quando forem pertinentes para a validade ou aplicação dos resultados;

i) resultados do ensaio ou calibração com as unidades de medida, onde apropriado;

j) nome(s), função(ões) e assinatura(s) ou identificação equivalente da(s) pessoa(s) autorizada(s) para emissão do relatório de ensaio ou do certificado de calibração;

k) onde pertinente, uma declaração de que os resultados se referem somente aos itens ensaiados ou calibrados.

... Notas ...

1. *Convém que os relatórios de ensaio e certificados de calibração impressos incluam também o número da página e o número total de páginas.*

2. *É recomendado que os laboratórios incluam uma declaração especificando que o relatório de ensaio ou o certificado de calibração não deve ser reproduzido, exceto completo, sem aprovação escrita do laboratório.*

5.10.4. Certificados de Calibração

5.10.4.1. Em adição aos requisitos listados em 5.10.2, os certificados de calibração, onde necessário para a interpretação dos resultados da calibração, devem incluir o seguinte:

a) as condições (por exemplo, ambientais) sob as quais as calibrações foram feitas, que tenham influência sobre os resultados da medição;

b) a incerteza de medição e/ou uma declaração de conformidade a uma especificação metrológica identificada ou seção desta;

c) evidência de que as medições são rastreáveis (ver nota 2 de 5.6.2.1.1).

5.10.4.2. O certificado de calibração deve se referir somente a grandezas e a resultados de ensaios funcionais. Se for feita uma declaração de conformidade a uma especificação, ela deve identificar as seções da especificação que são ou não atendidas.

Quando for feita uma declaração de conformidade a uma especificação, omitindo-se os resultados da medição e as incertezas associadas, o laboratório deve registrar esses resultados e mantê-los para uma possível futura referência.

Quando forem feitas declarações de conformidade, a incerteza de medição deve ser considerada.

5.10.4.3. Quando um instrumento para calibração for ajustado ou reparado, devem ser relatados os resultados das calibrações realizadas antes e depois do ajuste ou reparo, se disponíveis;

5.10.4.4. Um certificado de calibração (ou etiqueta de calibração) não deve conter nenhuma recomendação sobre o intervalo de calibração, exceto se acordado com o cliente. Esse requisito pode ser cancelado por regulamentações legais.

Notas 5.6.2.1

1. *São considerados competentes os laboratórios de calibração que satisfaçam os requisitos desta norma. Um certificado de calibração de um laboratório de calibração acreditado, segundo esta norma, para a calibração em questão, que contenha um logotipo de um mecanismo de acreditação, é evidência suficiente da rastreabilidade dos dados de calibração relatados.*
2. *A rastreabilidade às unidades de medida SI pode ser obtida por meio de referência a um padrão primário apropriado (ver VIM: 1995, 6.4) ou por referência a uma constante natural, cujo valor da unidade SI pertinente seja conhecido e recomendado pela Conferência Geral de Pesos e Medidas (CGPM) e pelo Comitê Internacional de Pesos e Medidas (CIPM).*
3. *Os laboratórios de calibração que mantenham seus próprios padrões primários ou representação de unidades SI baseada em constantes físicas fundamentais podem declarar rastreabilidade ao sistema SI, somente após a comparação direta ou indireta desses padrões com outros padrões similares de um instituto nacional de metrologia.*
4. *O termo "especificação metrológica identificada" significa que deve estar claro no certificado de calibração a especificação com a qual as medições foram comparadas, por meio da inclusão da especificação ou fornecendo uma referência sem ambiguidades a tal especificação.*

5. *Quando os termos "padrão internacional" ou "padrão nacional" forem utilizados associados à rastreabilidade, assume-se que esses padrões possuem as propriedades de padrões primários para a realização das unidades SI.*
6. *A rastreabilidade aos padrões nacionais não requer necessariamente o uso do instituto nacional de metrologia do país no qual o laboratório está localizado.*
7. *Se um laboratório de calibração desejar ou precisar obter rastreabilidade a um instituto nacional de metrologia diferente daquele do seu próprio país, convém que esse laboratório escolha um instituto nacional de metrologia que participe ativamente das atividades do BIPM, quer seja diretamente ou através de grupos regionais.*
8. *A cadeia ininterrupta de calibrações ou comparações pode ser obtida em várias etapas, realizadas por diferentes laboratórios que possam demonstrar rastreabilidade.*

A próxima etapa na análise do certificado de calibração é aquela quanto aos requisitos do processo, os quais devem ser estabelecidos antes do início da calibração. O laboratório escolhido deve mostrar competência para atendimento às exigências do serviço, tais como:

1. Ter padrões adequados ao tipo de instrumento a ser calibrado;
2. Ter incerteza de medição compatível com o serviço solicitado;
3. Atendimento às especificações do fabricante do instrumento;
4. Melhor capacidade de medição.

Cada instrumento deve ter tabelado o seu critério de aceitação. O cliente tem vários caminhos para definir esse critério, o qual deve ser documentado.

O critério de aceitação exige revisões constantes, uma vez que o processo pode mudar ou tornar-se tão rigoroso que o instrumento tenha que ser substituído.

O cliente precisa ter muito claro o que é o erro do instrumento e o que é a incerteza de medição.

Terminologia Aplicada

- EMA = erro máximo admissível. Corresponde ao critério de aceitação definido pelo cliente, por exemplo, os limites de erro declarados pelo fabricante do instrumento, ou o erro máximo do processo.
- IM = incerteza de medição. Valor obtido no certificado de calibração do instrumento, normalmente referido a um intervalo de confiança de aproximadamente 95%.
- E = erro. Conforme o VIM: E = valor medido – valor de referência

Graficamente vamos ter:

- Coloque os limites do EMA;
- A partir do EMA, coloque o valor da IM.

Considere aprovado o instrumento cujo erro (encontrado no certificado de calibração) esteja dentro da área cinza.

E quando o erro do instrumento estiver fora da área cinza?

Neste caso temos várias possibilidades:

1. Remarcar o instrumento

Descartar o instrumento não é a melhor solução principalmente se no processo ele operar numa faixa na qual está aprovado. Identifique no instrumento a faixa de uso e esteja certo de que não haverá mudança de faixa. No histórico do instrumento deixe anotada a restrição de uso. O instrumento também pode ser identificado com uma etiqueta de aprovação com restrição.

2. Ajustar o instrumento

O ajuste deve ser feito conforme instruções do fabricante, por pessoal qualificado. Pode ser que o instrumento necessite de reparo, neste caso o serviço deve ser executado por um técnico especializado. Todo ajuste ou reparo invalida a calibração anterior, portanto o instrumento terá de ser calibrado novamente e toda rotina de análise repetida.

3. Correção

Se o certificado de calibração mostra que o instrumento tem boa repetitividade (incerteza baixa), é perfeitamente possível a utilização de correções na sua indicação. Deve ficar bem claro para o usuário que a indicação precisa ser corrigida, portanto convém elaborar uma curva ou tabela que seja prontamente entendida. Lembre-se de que o resultado corrigido implica em erro zero, portanto o instrumento será aprovado quando:

$$| IM | \leq | EMA |$$

4. Revisão do critério de aceitação

Muitas vezes o erro máximo do processo é rigoroso e precisa ser adaptado para condições mais realistas. Sempre que as especificações de normas ou do laboratório são atendidas mesmo com a ampliação da margem do erro máximo admitido, dê preferência a esta solução. Lembre-se de registrar o novo critério.

Se o critério utilizado até então é o erro máximo admissível declarado pelo fabricante do instrumento, também é possível a ampliação desses erros. Você terá ainda um trabalho adicional: identificar no instrumento a sua reclassificação.

Dentre as alternativas citadas, a revisão do critério de aceitação é a mais econômica, pois é comum a utilização de instrumentos com classe de exatidão bem superior àquela requerida pelo processo.

Conclusão

O certificado de calibração recebido pode ser arquivado somente após sua análise. Convém identificar no certificado o seu status (aprovado, aprovado com restrição, necessita correções etc.), a data e assinatura de quem fez a conferência (validação) e ainda aproveitá-lo para atualizar o programa de gerenciamento dos instrumentos. Nunca jogue fora o certificado com validade vencida, pois ele será usado para o estudo de tendência e ajuste da periodicidade da calibração.

DOCUMENTOS ELETRÔNICOS

A norma ABNT NBR ISO/IEC 17025:2005 Requisitos gerais para a competência de laboratórios de ensaio e calibração, desde a sua publicação inicial em dezembro/1999, estabelece o detalhamento para emissão de documentos por meios eletrônicos. É notável a resistência por parte dos usuários em abolir o papel impresso em todas as rotinas da empresa. São fatos confirmados que as empresas que ousaram romper essa resistência obtiveram ganhos expressivos. Dentro de uma corporação, o uso de uma intranet, além de facilitar as consultas aos documentos da qualidade, ainda garante que eles estão sempre atualizados.

Quanto ao documento, existe um temor injustificado relativo à sua validade ou segurança. Note que atualmente há uma série de mecanismos e tecnologias disponíveis capazes de garantir a segurança da informação, atendimento à norma na emissão, armazenamento e distribuição. O laboratório de calibração tem a responsabilidade de oferecer essas facilidades ao cliente e orientá-lo sobre o uso e benefícios advindos, tais como:

- segurança no acesso aos documentos;
- eliminação de papel e tinta, contribuindo para preservação do meio ambiente;
- garantia da integridade das informações;
- facilidades na revisão, distribuição em tempo real;
- economia e competitividade;
- garantia da confidencialidade das informações.

Em particular, o documento que mais interessa ao cliente é o certificado de calibração. Então o que vem a ser o certificado de calibração eletrônico?

O documento eletrônico consiste em uma série de informações binárias convertidas no computador em um formato que possa ser entendido pelo usuário. O formato *PDF* (do inglês *Portable Document Format*, Formato de Documento Portátil) refere-se a um tipo de arquivo que permite a qualquer computador visualizar o documento criado, independente do sistema operacional ou do programa utilizado na sua criação. Assim, um documento PDF pode ser aberto e lido em qualquer sistema, seja Windows, Mac, Linux ou mesmo num PDA (*Personal Digital Assistant*). Trata-se de um formato gráfico e não aquele que contém apenas texto. Assim, PDF trata o texto como uma imagem, por isso torna difícil sua edição por terceiros, mas gera outras possibilidades como o zoom, ou diferentes tipos de visualização. Para visualizar os documentos no formato PDF, é preciso ter o programa Acrobat Reader que é gratuito.

Outras facilidades

- o documento é menor (quantidade de bytes), o que o torna ideal para ser enviado por *e-mail*;
- o documento é mais seguro porque a alteração de um documento PDF é muito difícil;
- tem mais possibilidade e variações de visualização;
- mantém a aparência do documento original, com as mesmas fontes, imagens e distribuição.

E quanto à assinatura?

Segundo a norma ABNT NBR ISO/IEC 17025:2005 (item 5.10.2 letra j) o certificado deve incluir:

- *o(s) nome(s), função(ões) e assinatura(s) ou identificação equivalente da(s) pessoa(s) autorizada(s) para emissão do relatório de ensaio ou certificado de calibração.*

Do exposto, é válida a assinatura "escaneada" no certificado eletrônico.

Quanto à autenticidade, a norma não cita nenhuma garantia, a qual se aplicaria também ao documento em papel. Assim como o certificado impresso não é autenticado em cartório, o certificado eletrônico também não precisa desse tipo de autenticação.

Quanto à integridade, a informação não deve ser alterada ou destruída de maneira não autorizada. Como já vimos, os documentos no formato PDF são difíceis de serem alterados.

Quanto à confidencialidade, os documentos não devem ficar acessíveis nem ser divulgados para um usuário, uma entidade ou um processo não autorizados. No caso dos laboratórios de calibração, os clientes são conhecidos, têm endereços eletrônicos confiáveis (geralmente da própria organização) e utilizam senhas para acesso aos seus arquivos disponibilizados na Internet. Há ainda a possibilidade da assinatura digital, que pode ser entendida como um conjunto de códigos cifrados, que é atribuído a uma pessoa, como se fosse uma senha bancária, e que se denomina chave privada. Associada a essa chave, há a chave pública, de conhecimento do destinatário do documento e que, combinada com a chave privada do emissor, garante que aquele documento foi realmente enviado pelo autor.

Torna-se, portanto, uma tendência geral o uso dos documentos eletrônicos, que proporcionam agilidade e segurança no dia a dia dos laboratórios e dos clientes.

Capítulo 7

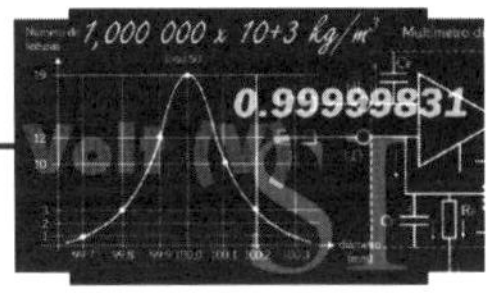

TÉCNICAS DE MEDIÇÕES DIMENSIONAIS

INTRODUÇÃO

Todo processo de medição dimensional envolve fatores que devem estar sob controle absoluto do operador. Considera-se como conhecimento mínimo para um operador, além do domínio no manejo dos instrumentos, o conhecimento das fontes de erro, a familiaridade com expressões matemáticas e correções diversas, noções de estatística, conhecimento dos termos técnicos, capacidade para interpretação de normas e procedimentos de medição, capacidade de julgamento, capacidade para interpretar o resultado da medição etc. Este capítulo trata de alguns destes assuntos.

TEMPERATURA

Nas medições dimensionais, a temperatura é um fator importante devido à expansão térmica dos materiais. Um bloco padrão de aço de 25,4 mm (1 in) aumenta o comprimento cerca de 0,33 μm (0,000013 in) para cada acréscimo de 1 °C da temperatura. A temperatura de referência internacionalmente reconhecida foi fixada em 20 °C (750 R1, DIN 102, USM 58001, NBR 6165 etc.). Em medições de maior exatidão, não é boa prática a utilização dos coeficientes de expansão dados em tabelas, porque o coeficiente do aço pode variar de 0,0000105 / °C a 0,0000135 / °C, dependendo da dureza e composição do material. Destas considerações podemos concluir que no uso ou na calibração de elementos dimensionais com exatidão aceitável, o coeficiente de expansão dos materiais deve ser conhecido e a temperatura controlada e medida dentro de ± 0,3 °C.

UMIDADE RELATIVA

Se em uma sala a aproximadamente 20 °C e umidade relativa de 45%, a temperatura mudar de 1 °C, então a umidade relativa se altera 3,5%.

Sabe-se que o aço sofre corrosão mesmo com umidade relativa baixa, se exposto em contato com os dedos, vapores corrosivos, certos gases atmosféricos ou poeira contaminada.

Se a temperatura das paredes da sala ou dos objetos vizinhos for menor que a temperatura do ar, pode ocorrer condensação da água nessas superfícies mesmo quando a umidade relativa é baixa. A solução para este problema é uma isolação adequada tal que todas as superfícies estejam na temperatura de equilíbrio.

A corrosão do aço tem sido estudada com grande interesse porque os materiais ferrosos são comuns em ferramentas e instrumentos de medição. Algumas conclusões sobre esses estudos são:

- Uma mudança fundamental na taxa de oxidação ocorre numa umidade crítica na vizinhança de 65% de saturação; essa mudança é associada aos fatores higroscópicos.
- No processo de oxidação há a formação de dois tipos de filme corrosivo no material, o filme primário e o filme secundário.

O filme primário é invisível e de natureza protetora, como a camada formada em muitos materiais metálicos não ferrosos, sendo formada lentamente com baixo nível de umidade relativa. Esse processo de formação de filme primário tende a parar com o tempo. Próximo à umidade crítica de 65%, esse filme protetor se rompe (quando na presença de gases ou poeiras contaminantes) causando um crescimento rápido de um filme secundário que é a ferrugem observada no aço. A explicação para esse fenômeno é a formação de partículas de ação higroscópica (a água no ar). Quando a umidade crítica é alcançada, a oxidação é acelerada pelos contaminantes. Se não houver contaminantes (gás ou poeira), o filme primário protegerá o material ferroso indefinidamente, sendo recomendada a conservação da superfície ferrosa sempre limpa e com uma fina camada de óleo ou vaselina apropriada.

FONTES DE ERRO NAS MEDIÇÕES

Erros Atribuídos às Peças

1. Empenamento

Pode ocorrer em peças plásticas, peças de chapa, peças de paredes finas, eixos compridos etc.

2. Acabamento da superfície

Peças com rebarba, cantos danificados, rugosidade.

3. Desvio da geometria

Peças com desvio da forma geométrica, peças com as posições de referência deslocadas.

Erros Atribuídos ao Sistema de Medição

Erros devido ao instrumento que não obedece ao princípio de Abbe

O princípio de Abbe foi formulado em 1893, por Ernst Abbe, sendo o fundamento principal na construção de máquinas de medição. "Para reduzir erros, é essencial que o sistema de medição e o objeto a ser medido usem o mesmo eixo".

Exemplo: paquímetro, calibrador traçador de altura, micrômetro para engrenagens, micrômetros do tipo paquímetro, micrômetro interno etc. são instrumentos que não obedecem ao princípio de Abbe.

Máquina de medição universal, micrômetro externo, cabeçote micrométrico são instrumentos que obedecem ao princípio de Abbe.

Erro devido ao posicionamento da peça

Uma peça possui 6 graus de liberdade no espaço:

- translação (ao longo dos eixos X-Y-Z);
- rotação (nos eixos X-Y-Z).

Os graus de liberdade devem ser limitados para definir a sua posição de medição.

Erro devido à força de medição

A maioria dos instrumentos de medição opera em contato direto com a peça, sendo esse contato acompanhado de uma força que provoca deformação ou deslocamento (caso a peça não esteja suficientemente apoiada). A magnitude da força aplicada pode introduzir erros consideráveis na medição.

Erro de leitura zero

É a indicação dada pelo instrumento quando o valor medido é zero. Pode ser devido ao posicionamento da escala ou ao desgaste da superfície dos medidores.

Erro de linearidade

É o erro ao longo do curso de medição em relação a uma curva de referência.

Erro devido ao desgaste

O desgaste das superfícies de medição do instrumento, dos mecanismos de transmissão, das molas, das hastes etc. pode introduzir erros apreciáveis na medição.

Erro devido à temperatura do instrumento de medida

É definido como a variação da indicação do instrumento quando a temperatura varia de 1 °C.

Deve ser conhecido e compensado. Recomenda-se evitar que as diferenças de temperatura entre a peça e o instrumento e entre eles e a temperatura de referência não sejam excessivas. O tempo necessário para a estabilização das temperaturas depende da massa envolvida dos instrumentos.

Erro devido à força gravitacional

Instrumentos e peças podem ser deformados pela ação do próprio peso. Devem-se tomar cuidados especiais com os pontos de apoio e com a posição de medida.

Erro devido ao relógio apalpador

A indicação de um relógio apalpador só pode ser considerada correta se a linha de centro da alavanca for paralela à superfície da peça.

INSTRUMENTOS DE MEDIDA

Régua de Aço Graduada

As réguas de aço com seção retangular são instrumentos graduados com traços transversais ao longo do seu comprimento. São empregadas nas indústrias em aplicações comuns, exceto aquelas específicas para máquinas, ferramentas ou instrumentos de grande exatidão.

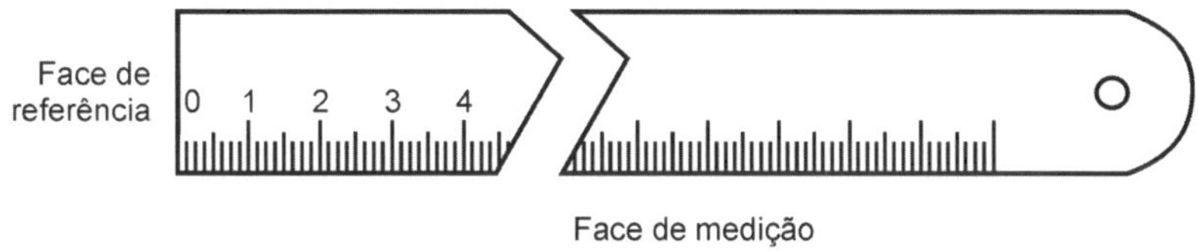

São divididas em dois tipos:

- Tipo I - rígida.
- Tipo II - flexível.

As réguas são classificadas em duas categorias de erro:

- Classe 1: erro = ± (50+0,15 L) μm (L é o comprimento em mm).
- Classe 2: erro = ± (100+0,3 L) μm.

Recomenda-se utilizar essas réguas apoiadas em uma superfície plana com a graduação voltada para cima.

A calibração das réguas graduadas deve garantir a sua exatidão (uniformidade das graduações) e a sua geometria (retilinidade, planeza e ortogonalidade). A verificação da exatidão pode ser feita com uma régua eletrônica ou padrão de melhor exatidão.

Trenas

Trena de fita de aço

As trenas de fita de aço são instrumentos simples, graduados e com traços transversais. São dotadas de um estojo com recolhimento automático ou manual da fita, existindo alguns modelos com trava.

A trena com face graduada plana é classificada como trena do tipo I. A trena com face graduada curva é classificada como trena do tipo II.

As trenas são divididas em duas classes de erro.

- Classe 1: erro = ± 0,3 mm até 1000 mm e erro = ± (0,3 + L / 10000) mm para L > 1000 mm (L em mm).
- Classe 2: erro = ± 0,6 mm até 1000 mm e erro = ± (0,6 + L / 5000) mm para L >1000 mm (L em mm).

A graduação da fita pode ser feita em baixo ou alto-relevo, com traços uniformes e igualmente espaçados. Essa graduação para trenas de uso geral deve ser no Sistema Internacional, evitando aquelas graduadas em polegadas. As trenas para medir diâmetros (tipo π) recebem uma graduação igual à relação entre o comprimento medido e o número π.

O início da escala da trena depende também da aplicação, porém o modelo mais comum é aquele provido de encosto de referência do tipo zero absoluto, com compensação para medidas internas e medidas externas.

A calibração da trena deve garantir a sua exatidão (uniformidade da graduação), flexibilidade, capacidade de medição e encurvamento lateral. Alguns laboratórios verificam apenas a exatidão, comparando diversos comprimentos medidos com uma escala padrão.

Trena de fibra natural ou de fibra sintética

As trenas de fibra natural ou fibra sintética são classificadas em dois tipos.

- Trenas do tipo I - fitas com face graduada em forma de traços.
- Trenas do tipo II - fitas com face graduada em forma de traços e com limites em cores.

São divididas em duas classes de erro:

- Classe 1: ± (0,3 + 0,2 L) mm para trenas do tipo I (L em m) ± 2 (0,3 + 0,2 L) mm para trenas do tipo II (L em m).
- Classe 2: ± 2 (0,3 + 0,2 L) mm para trenas do tipo I (L em m) ± 4 (0,3 + 0,2 L) mm para trenas do tipo II (L em m).

Se o ponto zero da trena estiver na extremidade do anel puxador, acrescentar 0,5 mm aos valores apresentados.

Evitar trenas com graduação da fita fora das unidades do SI. A calibração consiste na comparação da graduação com uma escala de aço ou trena de melhor exatidão, estando a fita tracionada com uma força de 9,8 N.

Paquímetro

O paquímetro é um instrumento construído para efetuar medições internas, externas, profundidade e topo, no qual o valor indicado é lido na graduação principal e na escala auxiliar (nônio).

Os paquímetros, apesar de serem instrumentos simples, requerem algum conhecimento do usuário quanto à maneira correta de utilização, armazenamento e manutenção.

Escala Auxiliar

O nônio (homenagem ao matemático português Petrus Nonius que o idealizou) permite a leitura de uma fração exata de uma divisão da escala principal. O princípio é aplicado a outros instrumentos (por exemplo, o goniômetro), e baseia-se na graduação de um número de divisões iguais no mesmo comprimento de n-1 divisões da escala principal.

Erro de Medição com Paquímetros

Erro devido à construção do paquímetro

Erro causado pela não obediência ao princípio de Abbe

O paquímetro é um instrumento que não obedece ao princípio de Abbe, pois o eixo da peça a ser medida não fica alinhado no mesmo eixo de medição do instrumento.

Assim, se numa medição a peça for colocada na extremidade dos medidores e uma das pontas ficar inclinada de um ângulo θ devido a uma folga entre o cursor e o braço principal, o instrumento dará uma indicação menor do que o valor da peça.

$$\text{Valor medido} = \text{valor da peça} - \delta.$$

O erro δ depende do ângulo formado entre o eixo da peça e o eixo de medição e será menor quanto mais próximo a peça for colocada em relação ao braço principal.

Erro causado pela flexão do braço principal

1. Flexão ao longo da superfície de referência

Se a superfície de referência da escala principal se flexiona, ocorre erro de medição.

2. Flexão ao longo da superfície graduada

A flexão da superfície na qual está a graduação da escala principal também pode causar erro. Essa flexão é o resultado de descuido na utilização ou uso impróprio ou ainda desgaste da superfície de referência. Paquímetros grandes ou com pontas de medição longas requerem cuidados quanto ao próprio apoio e quanto à fixação da peça.

Erro causado por desgaste das pontas de medição

Se a extremidade da ponta de medição do paquímetro possuir um chanfro para possibilitar a medição em ranhuras, então essa extremidade estará sujeita a um desgaste. Recomenda-se, sempre que possível, posicionar a peça a ser medida na extremidade mais próxima da escala principal.

Erro de medição de diâmetro interno

A medição de diâmetro interno deve ser feita com critério especial e de preferência com paquímetro de pontas arredondadas. Caso se utilize a superfície de medição interna, a indicação será menor, exigindo uma correção que geralmente é dada em tabelas.

Erro de paralaxe

A graduação da escala auxiliar (nônio) não está no mesmo plano da graduação da escala principal, portanto podem ocorrer erros de paralaxe na determinação da coincidência dos traços. O erro de paralaxe fica minimizado com a experiência do operador e evitando fazer leituras de qualquer direção.

Erro devido à força de medição

Os paquímetros não possuem dispositivos reguladores de força, portanto a força de medição é aplicada pelo usuário, podendo variar para cada pessoa.

Se o movimento do cursor não for suave ao longo do braço principal, o usuário será forçado a aplicar mais força e introduzir mais erro. Existe uma folga entre o cursor e o braço principal, na qual é fixada uma peça de cobre ou bronze fosforado cuja função é suavizar os movimentos.

Durante a medição, verificar se o cursor desliza suavemente e não aplicar força excessiva. Atualmente se utilizam paquímetros com indicador do tipo relógio e dispositivo de força constante para medição de materiais que se deformam com a força de medição (exemplo: plástico e borracha não podem ser medidos com paquímetro convencional ou micrômetro porque se deformam com a força de medição aplicada).

Erro devido à expansão térmica

Todas as medidas dimensionais devem ser feitas na temperatura ambiente de 20°C. Se a temperatura for diferente de 20°C, fazer as correções dos valores medidos, considerando a fórmula seguinte:

$$C = [\,(t_1 - 20)\alpha_1 - (t_2 - 20)\alpha_2\,]\,L$$

$$C = [\,(t_1 - 20\ ^\circ C\,)\alpha_1 - (t_2 - 20\ ^\circ C\,)\alpha_2\,]\,L$$

em que:

t_1 = temperatura da peça

α_1 = coeficiente de expansão térmica da peça

t_2 = temperatura do paquímetro

α_2 = coeficiente de expansão térmica do paquímetro (para o aço é aproximadamente $11{,}5 \times 10^{-6}$ / °C)

L = dimensão da peça

Cuidados na utilização de paquímetros

- Verificar se a peça a ser medida está isenta de rebarbas ou sujeira.
- Os paquímetros são fabricados para medição de peças estáticas, portanto não medir peças em movimento.
- Sempre que possível, colocar a peça o mais próximo possível do braço principal.
- Não forçar o deslizamento do cursor nem aplicar nele força excessiva.
- Não utilizar o paquímetro para outras finalidades que não sejam de medir (exemplo: martelo, chave inglesa, compasso).
- Após o uso, limpar o paquímetro com lenço de papel ou pano macio que não solte fiapo. Se o paquímetro for guardado por um período longo, recomenda-se lubrificá-lo com um pano embebido com óleo para relojoeiro. Para paquímetros digitais, consultar o manual do fabricante. Guardar o paquímetro com as pontas de medição ligeiramente separadas.

Micrômetros

O micrômetro é um dos instrumentos mais utilizados na indústria mecânica, tendo sido aperfeiçoado ao longo dos anos com o emprego de novos materiais e novas técnicas de fabricação. O princípio básico de construção do micrômetro é o deslocamento de uma haste mediante o giro de um parafuso roscado (fuso) o qual está acoplado a um tambor e a um cilindro fixo. Um dispositivo característico do micrômetro é a catraca ou tambor de fricção, cuja função é manter a força constante na peça a ser medida, minimizando assim a variação das suas indicações em função da força aplicada.

O arco que geralmente é construído de ferro fundido nodular ou aço, deve permitir a medição igual à sua capacidade máxima, e ter uma rigidez tal que com uma força aplicada de 10 N o erro seja inferior a 2 μm (para micrômetro até 50 mm).

A haste móvel e a haste fixa são construídas de aço temperado envelhecido ou material com dureza superior a 750 HV. As superfícies de medição devem ser lapidadas, terem planeza dentro de 1 μm e erro de paralelismo inferior a 2 μm quando sujeitas a uma força de 10 N (para micrômetro até 50 mm).

A catraca deve exercer uma força entre 5 N e 10 N.

Erros de Medição com Micrômetro

Erro de Paralaxe

As superfícies graduadas do cilindro e do tambor não se encontram no mesmo plano, havendo uma diferença de altura entre elas. Se o alinhamento das graduações não for observado corretamente, haverá erro de paralaxe.

Erro Devido aos Pontos de Apoio da Peça

Se a peça a ser medida for apoiada na posição horizontal, haverá uma flexão devido ao seu próprio peso, podendo causar erros de medição se a posição e quantidades de apoios não forem corretas. A melhor forma de apoio de blocos padrão ou barras de referência para zeragem é aquela que assegura às faces de medição uma posição paralela, podendo ser determinada a partir da extremidade por:

$P_1 = 0,211\ L$ em que L é o comprimento da barra / bloco.

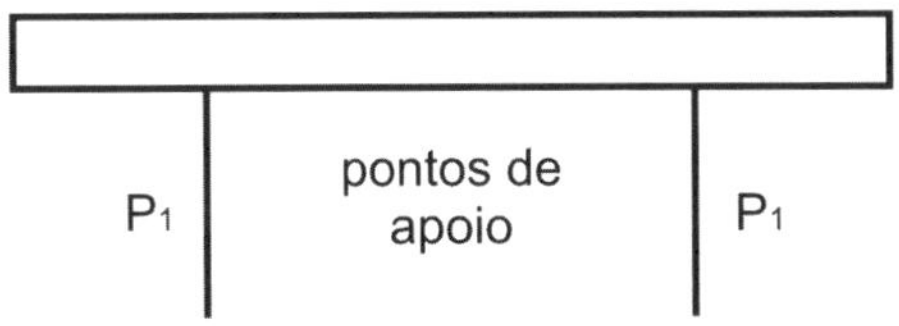

L= comprimento da barra

P_1= distância do ponto de apoio à extremidade da barra

Em certos casos a fonte de erro a ser minimizada é relativa ao encurtamento do comprimento L (exemplo: régua padrão graduada, micrômetro interno tubular, superfície de medição com um ponto de contato na peça etc.).

Neste caso, o ponto de apoio é dado por:

$P_1 = 0,220L$

Erro Devido à Força de Medição (Lei de Hooke)

Quando uma força é aplicada às extremidades de uma barra, haverá uma contração ΔL dada pela lei de Hooke:

$$\Delta l = \frac{FxL}{ExA}(mm)$$

em que:

F = força de contato (N)

L = comprimento da peça (mm)

E = módulo de Young = $2,1 \times 10^5$ N / mm^2 para o aço

A = área da seção transversal (mm^2)

Exemplo

Deformação da barra de zeragem de micrômetro com diâmetro 9,23 mm, comprimento 300 mm, medida com força de 10 N.

$$\Delta L = \frac{10N.300\ mm}{(2,1x10^5 N / mm^2).\pi.(9,23^2 mm^2 / 4)} = 0,0002\ mm$$

Erro Devido ao Achatamento Localizado

Esse erro está baseado na deformação de Hertz cuja fórmula empírica é dada por:

$$\delta = 1,310.\sqrt[3]{(1-\mu^2)^2 F^2 / E^2 R}$$

em que:

μ = razão de Poisson = 0,3 para o aço e 0,2 para metal duro

F = força de contato (N)

E = módulo de Young = $2{,}1 \times 10^5$ N / mm^2 para o aço

R = raio

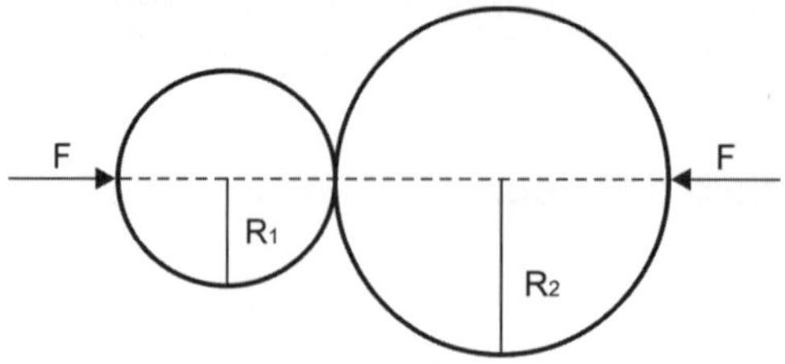

$$R = \frac{R_1 R_2}{R_1 + R_2} \text{ e } E = 2\frac{E_1 E_2}{E_1 + E_2}$$

Quando $R_2 = \infty$ (superfície plana), temos $R = R_1$.

E, E_1, E_2 = módulos de Young

Exemplo

Medição de um bloco de aço utilizando um micrômetro com ponta esférica de metal duro, e diâmetro 12 mm. Qual é o achatamento se a força de contato for 1 N?

$R_2 = \infty$, portanto $R = R_1 = 6$ mm (raio = diâmetro / 2)

Módulo de Young do aço = $2{,}1 \times 10^5$ N / mm^2

Módulo de Young do metal duro = 6×10^5 N / mm^2

$$E = 2\frac{2{,}1\times 10^5 \text{N/mm}^2 \times 6 \times 10^5 \text{N/mm}^2}{2{,}1\times 10^5 \text{N/mm}^2 + 6 \times 10^5 \text{N/mm}^2} = 3{,}11 \times 10^5 \text{N/mm}^2$$

μ = do aço = 0,3

μ = do metal duro = 0,2

$$\mu = \frac{(0{,}3 \times 0{,}2)}{2} = 0{,}25$$

Achatamento =

$$1{,}310 \times \sqrt[3]{(1 - 0{,}25^2)^2 \frac{(1\text{N})^2}{(3{,}11\text{x}10^5 \text{N/mm}^2)^2 \times 6\text{mm}}} = 0{,}15\,\mu\text{m}$$

Se o micrômetro tiver ponta esférica nos dois lados, então $\delta = 0{,}30\ \mu m$.

Erro Devido à Temperatura

Deve-se assegurar que o instrumento e a peça a ser medida estejam à mesma temperatura. Quando a temperatura for diferente de 20 °C, o valor medido deve ser corrigido, levando em conta os coeficientes de expansão térmica dos diversos materiais. O arco do micrômetro é revestido com um isolante térmico que minimiza transferência de calor da mão do operador ao instrumento. Quando o micrômetro for construído sem esse isolante, tomar precauções no seu manuseio e uso.

Erro de Medição do Instrumento

O erro máximo admissível dos micrômetros é estabelecido em normas. O erro do instrumento é determinado pela calibração e deve ser utilizado para correção nas medições mais exatas.

O processo de calibração do micrômetro deve envolver a medição da planeza e paralelismo das superfícies de medição, e o erro máximo da indicação para qualquer ponto aplicável na capacidade de medição.

Cuidados na utilização de micrômetros:

- Eliminar as rebarbas da peça a ser medida e nunca efetuar medidas com a peça em movimento.
- Ajustar o zero do micrômetro na mesma posição em que será efetuada a medição.
- Verificar se o tambor gira livremente e se o tambor de fricção funciona corretamente.
- Assegurar as condições ambientais adequadas à realização das medidas.
- Assegurar que o micrômetro esteja adequadamente calibrado e as superfícies de medição estejam planas e paralelas (micrômetro com superfície de medição plana).
- Evitar erros de paralaxe.
- Limpar o micrômetro com lenço de papel ou pano macio que não solte fiapo. Este procedimento deve ser feito antes do uso do micrômetro e após o seu uso. A haste de medição pode ser lubrificada com óleo de máquina quando o micrômetro for armazenado por um período longo de tempo. Guardar o micrômetro no próprio estojo.

Indicador (Relógio Comparador)

Os relógios comparadores são instrumentos de aplicação geral nas indústrias, possibilitando a medição de peças posicionadas entre uma superfície de referência e a sua ponta de contato. A faixa de medição do relógio comparador é pequena quando comparada com outros tipos de instrumento, porém a sua aplicação mais comum é na medição comparativa com blocos padrão ou gabaritos para "zerar" a indicação; em seguida substitui-se o bloco/gabarito pela peça a ser medida.

Os relógios comparadores são construídos com mostradores analógicos ou digitais, os quais exigem basicamente os mesmos cuidados no manuseio ou uso.

O relógio comparador é constituído basicamente de:

- mostrador móvel (para o indicador analógico) graduado;
- ponteiro indicador de voltas;
- ponteiro indicador do deslocamento;
- haste de fixação;
- haste móvel;
- ponta de contato.

A calibração do relógio comparador consiste na verificação da sua repetição e exatidão. Qualquer que seja o método empregado, deve ser realizada uma série de medidas em intervalos definidos do seu curso útil. Os resultados obtidos são analisados na forma de um gráfico no qual os erros observados são traçados em ordenadas e as posições da haste móvel, ao longo do seu curso útil, em abscissas.

Cuidados na utilização dos relógios comparadores:

- Eliminar as rebarbas da peça a ser medida e nunca efetuar medidas com a peça em movimento.
- Não utilizar ponta de contato com desgaste.
- Não movimentar o relógio comparador pela haste de medição. Utilize a haste superior do relógio comparador e uma alavanca apropriada a este fim.
- Não deixar cair o relógio comparador nem aplicar golpes bruscos na haste ou na ponta de medição.
- Montar o relógio comparador na posição perpendicular à superfície a ser medida, ou fazer a correção do ângulo de inclinação.

- Evitar erro de paralaxe.
- Utilizar apenas os relógios comparadores calibrados.
- Limpar o relógio comparador com pano seco e macio, eliminando quaisquer resíduos. Guardar o relógio comparador no próprio estojo.

Indicador do Tipo Alavanca (Relógio Apalpador)

O relógio apalpador utiliza o movimento de uma alavanca em vez do movimento linear da haste. Apresenta alta sensibilidade de medição e sua aplicação principal é no controle de alinhamento, centralização, nivelamento e paralelismo de peças. Se for utilizado em conjunto com um calibrador de altura, permite a medição de dimensões internas ou externas das peças sob inspeção.

Cuidados na utilização dos relógios apalpadores:

- Evitar golpes no indicador ou vibração excessiva.
- Não utilizar o relógio apalpador com desgaste na ponta de medição, nem trocá-la por outra de dimensão diferente da original.
- Não fazer medição em superfície com rebarbas.
- Ao medir uma peça em movimento, assegurar que o sentido de deslocamento da peça seja longitudinal ao eixo da ponta e em direção de saída do relógio apalpador.
- Sempre que possível, manter a ponta paralela à superfície a ser medida, ou fazer a correção do ângulo formado entre elas.
- Evitar erros de paralaxe e não utilizar o relógio apalpador sem calibração.
- Limpar o relógio apalpador com pano seco e macio e guardá-lo no próprio estojo.

Blocos Padrão

Os blocos padrão surgiram da necessidade de se obter um padrão de comprimento com as seguintes características:

- exatidão dimensional e de forma geométrica (planeza, comprimento e paralelismo);
- estabilidade do comprimento por um período de vários anos;
- alta resistência ao desgaste;

- resistência à corrosão;
- expansão térmica semelhante à do aço comum;
- baixo custo.

O erro na dimensão do bloco padrão define a sua classificação e aplicação, sendo geralmente dado em normas (JIS - DIN - ISO - ANSI) ou em manuais dos fabricantes:

Constância de Afastamento (CA)

É a combinação dos erros de paralelismo e planicidade, sendo a diferença entre o maior e o menor comprimento entre as faces do bloco padrão, quando medido nos quatro cantos e no centro.

Bloco de Referência

Bloco de grau 00 utilizado nos laboratórios de pesquisa, indústria de alta tecnologia e laboratórios para calibração dos blocos de grau 0.

O bloco classe de erro K - apresenta as características de desvio dimensional dos blocos padrão classe 0, porém com constância de afastamento similar aos blocos padrão da classe 00. É normalmente utilizado nos laboratórios de referência, devido ao custo reduzido em relação ao bloco de classe 00 para a calibração de blocos-padrão.

Blocos de Calibração

Bloco de grau 0 utilizado para calibrar instrumentos de medição e blocos padrão de grau 1.

Blocos de Inspeção

Bloco de grau 1 utilizado na inspeção de máquinas e calibração de blocos de grau 2.

Blocos de Fabricação

Bloco de grau 2 utilizado na fabricação de peças, inspeção de instrumentos de medida, montagem de ferramentas de corte, ajuste de máquinas.

A calibração do bloco padrão pelo método comparativo é aplicável para blocos da mesma dimensão, comparando o bloco com o bloco de referência que geralmente é calibrado com interferômetro. Para realizar a medição, utilizam-se comparadores com resolução de 0,01 μm.

Erros nos Blocos Padrão

1. Erro devido à variação da temperatura

Para fazer medições exatas com blocos padrão, recomenda-se que elas sejam realizadas na temperatura de referência de 20 °C. A dificuldade está na correção dos comprimentos quando os coeficientes de expansão térmica de um dos materiais não são realmente conhecidos. Segundo a norma JIS, o coeficiente de expansão térmica dos blocos padrão de aço deve estar entre $(11{,}5 \pm 1) \times 10^{-6}/°C$. Quando o coeficiente de expansão térmica dos blocos e das peças a serem medidas forem os mesmos, basta garantir que o conjunto esteja na mesma temperatura que não precisa necessariamente ser 20 °C.

2. Erro devido à deformação elástica causada por forças externas

Essa deformação é comum quando se utilizam suportes para blocos padrão (limitadores). Dependendo do valor da força exercida no parafuso de fixação, o bloco comprimido encurta o comprimento no valor dado por:

$$\Delta l = \frac{Fl}{AE}$$

sendo:

F = força exercida no bloco

l = comprimento do bloco padrão

A = área da seção transversal do bloco

E = módulo de elasticidade longitudinal do bloco padrão

3. Erro devido ao peso do bloco apoiado na posição horizontal

A flexão do bloco na posição horizontal depende dos pontos em que ele é apoiado. A melhor posição do apoio é em $0{,}211 \times l$ das extremidades, sendo l o comprimento do bloco padrão.

4. Erro devido ao peso do bloco apoiado na posição vertical

A contração do bloco devido ao próprio peso na posição vertical é dada por:

$$\Delta l = \frac{l^2 M}{2E}$$

sendo:

M = peso por unidade de volume do bloco padrão

l = comprimento do bloco padrão

E = módulo de elasticidade longitudinal

Cuidados no uso dos blocos padrão:

- utilizar lenço de papel que não solte fiapo para limpar os blocos padrão (para retirar marca de dedo, óleo, poeira etc.);
- utilizar tíner ecológico para retirar óleo, vaselina etc. Tomar precauções no manuseio e uso do produto químico;
- utilizar luvas de algodão quando manusear os blocos padrão, evitando o contato com os dedos e a transmissão de calor aos blocos;
- utilizar óleo antioxidante, vaselina ou outro produto recomendado pelo fabricante ao armazenar os blocos; guardar os blocos no próprio estojo;
- utilizar sempre os blocos padrão calibrados e dentro dos prazos de validade do certificado.

Goniômetro e Esquadros Combinados

O instrumento normalmente usado para medir ângulos é o goniômetro. O esquadro combinado é um tipo de goniômetro com elementos para múltiplas funções que permitem medir alturas, profundidades, traçar linhas angulares, verificar o ângulo de superfícies, verificar o centro de peças cilíndricas etc.

Régua de Senos

A régua de senos é constituída de uma barra com uma superfície de apoio na qual se coloca a peça a ser inspecionada, e dois cilindros com a distância entre os centros conhecida, paralelos entre si e paralelos com a superfície de apoio. A régua deve ser usada em um desempeno de granito e com blocos padrão para compor ângulos exatos a partir da construção de um triângulo retângulo. Evitar a construção de ângulos superiores a 45° com essas réguas.

Esquadros

O esquadro é o padrão de ângulo de 90° e encontra múltiplas aplicações na indústria.

Os esquadros de aço são construídos em vários tamanhos e formatos, sendo as faces de medição internas e externas dos dois lados fixos retificadas. Na parte interna da união dos lados fixos existe um chanfro cuja finalidade é facilitar a medição de peças com alguma deformação na borda, que poderia interferir no resultado final.

ANOTAÇÕES

Capítulo 8

MEDIÇÃO DE TEMPERATURA

INTRODUÇÃO

A temperatura termodinâmica é uma grandeza física que permite avaliar a quantidade de energia (agitação molecular) de um determinado corpo. A unidade da temperatura termodinâmica (K) é definida como a fração 1 / 273,16 da temperatura do ponto triplo da água.

É evidente que não podemos medir a temperatura a partir do nível de agitação molecular de um corpo, mas é possível medi-la pelo efeito dessa agitação molecular na forma mecânica ou elétrica. A variação de uma dimensão mecânica pelo efeito da temperatura ou a variação da propriedade elétrica de um material sensível à temperatura são conhecidas como grandezas termométricas (por exemplo, pressão, volume, comprimento, resistência elétrica, força eletromotriz etc.).

Além do ponto triplo da água, foram estabelecidas outras temperaturas de referência relacionadas aos fenômenos físicos com implementação fácil e de grande exatidão.

ESCALA INTERNACIONAL DE TEMPERATURA

A Escala Internacional de Temperatura foi criada para expressar melhor as leis da termodinâmica, sendo constituída por pontos fixos de temperatura.

A Escala Prática Internacional de Temperatura (IPTS) surgiu em 1927, sendo modificada em 1948 e em 1968 (IPTS-68).

A escala IPTS-68 ainda é utilizada, cobrindo uma faixa de −259,34°C, a 1064,43°C conforme a seguinte tabela (11 pontos primários ou fundamentais e 27 pontos secundários ou derivados).

Tabela dos pontos fundamentais IPTS-68	
Pontos fixos à pressão de $1{,}032 \times 10^5$ Pa	**Temperatura°C**
Ponto triplo do hidrogênio	–259,34
Ponto de ebulição do hidrogênio a $0{,}4286 \times 10^5$ Pa	–256,108
Ponto de ebulição do neon	–246,048
Ponto triplo do oxigênio	–218,789
Ponto de ebulição do oxigênio	–182,962
Ponto triplo da água	0,01
Ponto de ebulição da água	100,00
Ponto de solidificação do zinco	419,58
Ponto de solidificação da prata	961,93
Ponto de solidificação do ouro	1064,43

A Escala de Temperatura ITS-90 foi definida em fenômenos determinísticos de temperatura; adotada em 1990, pelo Bureau International de Poids et Mesures (BIPM), apresenta uma melhor concordância com a escala termodinâmica de temperatura.

Exemplo

Pontos fixos	IPTS-68°C	ITS-90°C
Ebulição do oxigênio	–182,962	–182,954
Ponto triplo da água	0,01	0,01
Solidificação do zinco	419,58	419,527
Solidificação da prata	961,93	961,78
Solidificação do ouro	1064,43	1064,18

MEDIDORES DE TEMPERATURA

Os elementos primários de temperatura, detectores ou sensores, são transdutores que alteram suas características em função da temperatura; por exemplo, a geração de uma força eletromotriz em um termopar, a variação de uma resistência elétrica de um termistor, a expansão do mercúrio em um capilar etc. Estes princípios básicos permitem a construção de medidores de temperatura de baixo custo e alta exatidão, com aplicações em processos industriais, laboratórios de ensaio e uso doméstico.

Termopares para Uso Geral

Os termopares são os sensores de temperatura mais econômicos, práticos e com boa exatidão para aplicação industrial. Cobrem uma faixa de –200°C a 2300°C e são construídos de diversos tipos.

Termopar do Tipo T ou Cobre-constantan

Composição do fio positivo	cobre
Composição do fio negativo	cobre-níquel
Faixa de utilização	–200°C a 350°C
Aplicação básica	medição e controle de baixas temperaturas

Termopar do Tipo J ou Ferro-constantan

Composição do fio positivo	ferro
Composição do fio negativo	cobre-níquel
Faixa de utilização	–40°C a 750°C
Aplicação básica	medição e controle de temperaturas até 700°C

Termopar do Tipo E ou Cromel-constantan

Composição do fio positivo	níquel-cromo
Composição do fio negativo	cobre-níquel
Faixa de utilização	–200°C a 900°C
Aplicação básica	uso geral até 900°C

Termopar do Tipo K ou Cromel-alumel

Composição do fio positivo	níquel-cromo
Composição do fio negativo	níquel-alumínio (níquel-alumínio-manganês-silício)
Faixa de utilização	–200°C a 1200°C
Aplicação básica	acima de 500°C

Termopares Nobres

Os termopares nobres são construídos com ligas de platina, portanto são de custo elevado. Apresentam alta exatidão e baixa potência termoelétrica.

Termopar do Tipo R

Composição do fio positivo	platina 87% e ródio 13%
Composição do fio negativo	platina
Faixa de utilização	0°C a 1600°C
Aplicação básica	medição e controle de temperaturas elevadas em processos de alta precisão

Termopar do Tipo B

Composição do fio positivo	platina 70% e ródio 30%
Composição do fio negativo	platina 94% e ródio 6%
Faixa de utilização	600°C a 1700°C
Aplicação básica	medição e controle de temperaturas elevadas

CONCEITOS BÁSICOS SOBRE TERMOPARES

Se um condutor metálico qualquer for submetido a uma diferença de temperatura entre suas extremidades, será observada uma redistribuição de elétrons, a qual gera uma força eletromotriz (FEM) cujo valor depende do tipo de material condutor.

Exemplo

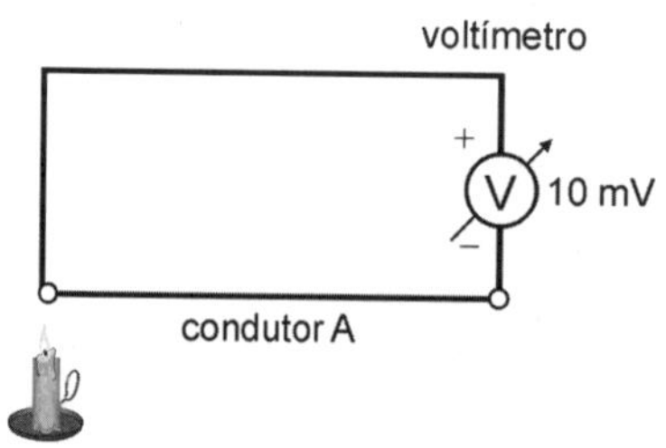

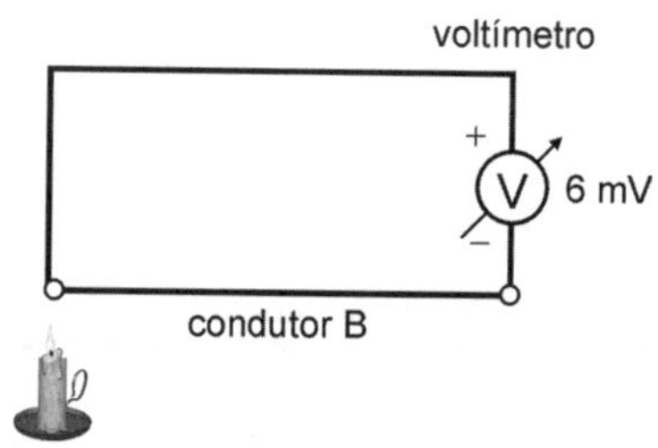

Em 1821, T. J. Seebeck notou que juntando uma extremidade dos dois condutores (condutor A e condutor B) a FEM gerada era a diferença das medidas individuais.

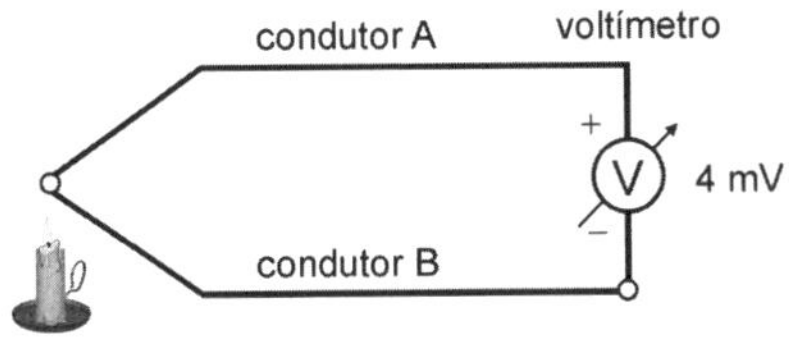

As propriedades dos termopares foram estabelecidas e são conhecidas como Leis da Termoeletricidade.

Lei do Circuito Homogêneo

A FEM gerada por um termopar depende exclusivamente da composição química dos metais e das temperaturas entre as junções.

Consequências

- A FEM gerada não depende do comprimento dos termopares, não depende do diâmetro dos fios, não depende da distribuição da temperatura ao longo do seu comprimento.

Lei dos Metais Intermediários

A FEM gerada por um termopar não se altera ao inserir no circuito um condutor genérico diferente dos que compõem a junção, desde que as novas junções sejam mantidas à mesma temperatura.

Consequências

- Permitido o uso de contatos de qualquer material condutor nos blocos de ligação do termopar aos respectivos cabos;
- Controle da produção das ligas termoelétricas em relação a um termoelemento de referência (platina com pureza de 99,999%);
- O material da solda da junta não influi na FEM gerada.

Lei das Temperaturas Intermediárias

A FEM gerada em um circuito termoelétrico correspondente a uma diferença de temperaturas Δt é a soma algébrica das FEMs geradas por circuitos termoelétricos intermediários, em que $\Delta t_1 + \Delta t_2 + ... + \Delta t_n = \Delta t$.

Consequências

- Utilização de cabos compensados mais baratos e com as mesmas características termoelétricas do termopar, sem causar erros no sinal gerado;
- Compensação da temperatura ambiente quando uma das juntas está a uma temperatura de referência conhecida, por exemplo, no gelo fundente a 0°C.

RESPOSTAS DE TERMOPARES

A equação genérica que descreve a curva de um termopar é um polinômio de ordem n:

$$T = a_0 + a_1X + a_2X^2 + ... + a_nX^n$$

em que:

T = temperatura da junta de medição (junta de referência a 0°C)

a_n = coeficiente que depende do tipo do termopar

X = FEM gerada

n = ordem do polinômio

Tabela dos Coeficientes a

Coeficiente a_n	Termopar tipo R 0°C a 1000°C	Termopar tipo S 0°C a 1750°C	Termopar tipo T –160°C a 400°C
a_0	0,263632917	0,927763167	0,100860910
a_1	179075,491	169526,5150	25727,94369
a_2	–48840341,37	–31568363,94	–767345,8295
a_3	1,90002 E+10	8990730663	780255595,81
a_4	–4,82704 E+12	–1,63565 E+12	–9247486589
a_5	7,62091 E+14	1,88027 E+14	6,97688 E+11
a_6	–7,20026 E+16	–1,37241 E+16	–2,66192 E+13
a_7	3,71496 E+18	6,17501 E+17	3,94078 E+14
a_8	–8,03104 E+19	–1,56105 E+19	
a_9		1,69535 E+20	

Coeficiente a_n	Termopar tipo E −100°C a 1000°C	Termopar tipo J 0°C a 760°C	Termopar tipo k 0°C a 1370°C
a_0	0,104967248	−0,048868252	0,226584602
a_1	17189,45282	19873,14503	24152,10900
a_2	−282639,0850	−218614,5353	67233,4248
a_3	12695339,5	11569199,78	2210340,682
a_4	−448703084,6	−264917531,4	−860963914,9
a_5	1,10866 E+10	2018441314	4,83506 E+10
a_6	−1,76807 E+11		−1,18452 E+12
a_7	1,71842 E+12		1,38690 E+13
a_8	−9,19278 E+12		−6,33708 E+13
a_9	2,06132 E+13		

ASSOCIAÇÃO DE TERMOPARES IGUAIS

Termopares em Série sem Oposição

Esse circuito tem o efeito de somador das FEMs geradas pelos termopares, formando termopilhas.

Termopares em Série em Oposição

Esse circuito permite a diferença entre as FEMs geradas pelos termopares. Pode ser utilizado onde se deseja conhecer a diferença de temperatura entre dois pontos.

Termopares em Paralelo

O valor da FEM gerada nesse tipo de associação é igual à média aritmética das FEMs geradas em cada termopar. Pode ser utilizado em processos de grande porte, fornecendo um valor de temperatura mais representativo.

MONTAGEM DE TERMOPARES

A junta soldada do termopar, cuja temperatura é desconhecida, é chamada de junta de medição e a outra é chamada de junta de referência (a temperatura nessa junta é conhecida ou compensada).

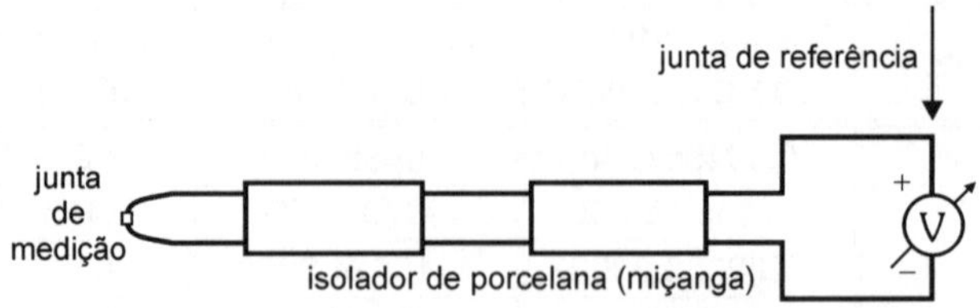

Quando a distância entre a junta de medição e o instrumento indicador é muito grande (comum nas instalações industriais), o uso do fio do termopar nessa distância não é econômico. Outro caso comum é quando se utiliza termopar com isolação mineral em que a junta de referência fica próxima ao processo (será necessário o emprego de um cabo desse termopar até o instrumento indicador). Vamos analisar duas situações:

Ligação com Fio de Cobre

Consideremos o seguinte exemplo:

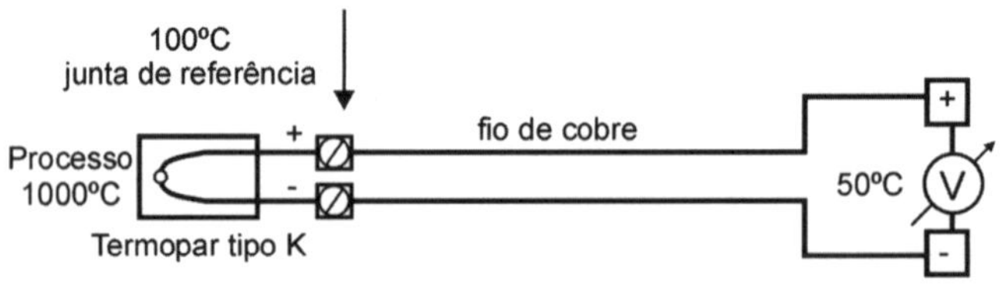

Valor da tensão na junta de referência: $E_{K(ref)}$ = (1000 – 100)°C = 37,325 mV

Temperatura ambiente (indicador): $E_{K(50)}$ = 2,022 mV

Leitura do indicador: 37,325 mV + 2,022 mV = 39,347 mV = 950°C

Erro = 1000°C – 950°C = 50°C

O erro é igual à diferença de temperatura entre a junta de referência e a temperatura ambiente.

Ligação com Fio de Extensão ou Fio de Compensação

Se no exemplo anterior o fio de cobre for substituído pelo fio do termopar do tipo K, então a junta de referência será "deslocada" até o instrumento indicador, não gerando, portanto, erro na medição. Se o fio do termopar do tipo K for trocado por outro fio com o mesmo comportamento do termopar do tipo K, então, por analogia, também não teremos erro na medição. Se ainda, o fio fosse substituído por outro com a mesma liga do termopar do tipo K, também não seria notado nenhum erro de medição. Esses tipos de fio são:

- fio de extensão (mesma liga do termopar)
- fio de compensação (mesmo comportamento termoelétrico do termopar)

INVERSÕES

Inversão Simples

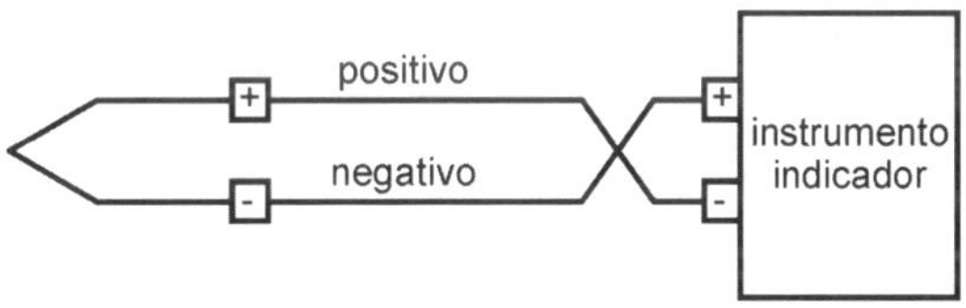

A inversão simples entre os cabos de ligação da junta de referência e o instrumento indicador é notada facilmente, porque o instrumento dará indicações contrárias às esperadas.

Inversão Dupla

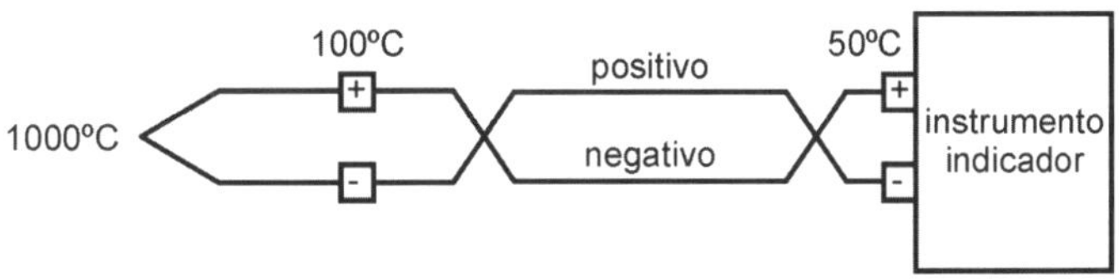

Nesse circuito a FEM gerada pelo cabo de extensão entra no indicador com polaridade invertida.

FEM gerada pelo termopar: E_K = (1000 – 100)°C = 37,325 mV

FEM gerada pelo cabo de extensão: E_K = (100 – 50)°C = 2,022 mV

Indicação do instrumento indicador:

E = 37,325 mV – 2,022 mV + 2,022 mV = 37,325 mV = 900°C

Observar que o erro introduzido corresponde a duas vezes a diferença de temperatura entre a junta de referência e a temperatura ambiente.

TERMÔMETROS DE RESISTÊNCIA

Os termômetros de resistência estão baseados na variação da resistência elétrica de um condutor metálico em função da temperatura. O metal mais utilizado na construção de termômetros de resistência é a platina, material que apresenta uma boa linearidade, resistência à oxidação e ampla faixa de utilização (–248°C a 962°C).

Termômetro de Resistência de Platina (Padrão)

Esse termômetro é utilizado como padrão de interpolação na Escala Internacional de Temperatura na faixa de –248°C a 962°C, apresentando grande estabilidade e erro de ± 0,0006°C em 0,01°C e erro de ± 0,004°C em 420°C.

Termômetro de Resistência de Platina (Industrial)

A diferença entre esse termômetro e o termômetro padrão é o grau de pureza da platina, que é contaminada propositalmente com o objetivo de reduzir contaminações posteriores. Sua faixa de utilização vai até 850°C. O erro desses termômetros é relacionado conforme sua fabricação, com modelos de ± 0,1 % a ± 0,5 % da faixa de medição.

Ligações

Dois Fios

Nessa configuração, o instrumento indicador vai indicar o valor do termorresistor e o valor da resistência dos fios de ligação. Deve ser evitada principalmente em instalações de longa distância.

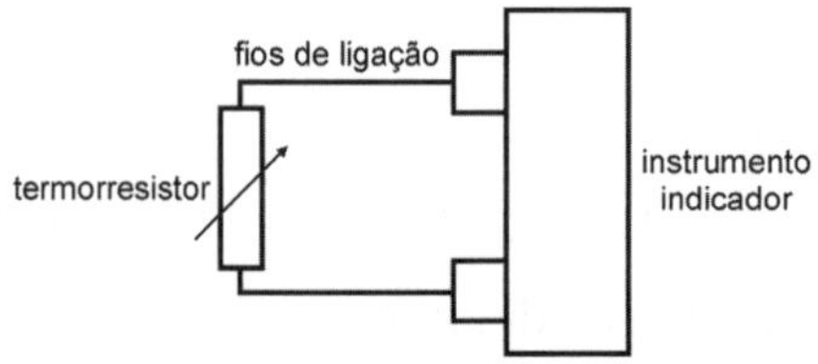

Três Fios

Nessa configuração, o instrumento indicador deve ter uma saída própria de corrente e uma entrada de medição "sense". Como o fio ligado à entrada de medição não transporta corrente, sua resistência não influencia o resultado final.

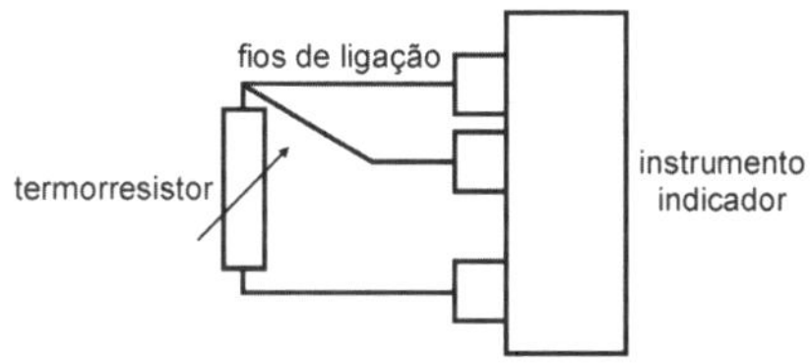

Quatro fios

Nesta configuração o efeito dos cabos de ligação é eliminado completamente. Em qualquer das configurações apresentadas, recomenda-se que a corrente de excitação não seja superior a 1 mA, para evitar o autoaquecimento.

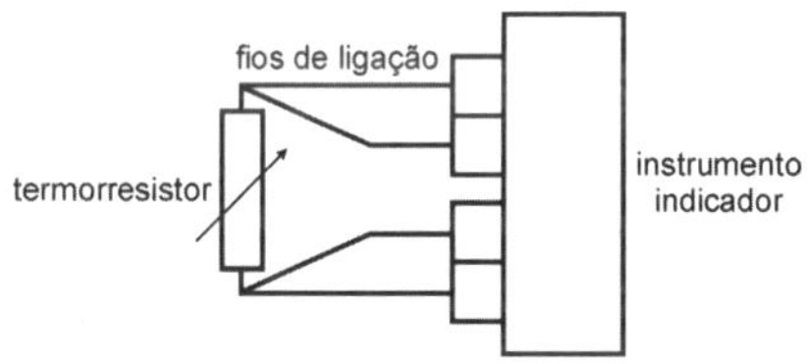

MEDIDORES DE TEMPERATURA POR EFEITO MECÂNICO

Os termômetros que utilizam efeitos mecânicos para medição de temperatura são divididos em várias categorias, tais como:

- termômetros de líquido em vidro;
- termômetros de expansão;
- termômetros bimetálicos;
- termômetros a gás.

Termômetro de Líquido em Vidro

Nesses termômetros, o bulbo sensor contém uma quantidade de líquido (por exemplo, álcool, querosene com anilina, mercúrio) que é introduzido em um tubo capilar. Quando ocorre uma variação da temperatura, o líquido muda de volume, segundo uma correlação e regressão lineares. Como o bulbo tem um volume constante, o líquido ocupa o espaço ao longo do capilar, o qual pode ser graduado e calibrado. Os termômetros de líquido em vidro são construídos para operação nas faixas de −75°C a 400°C, podendo ser de imersão total ou de imersão parcial.

Termômetro de Imersão Total

Para esse tipo de termômetro, a coluna emergente necessita ser corrigida. Considere o seguinte sistema de medição:

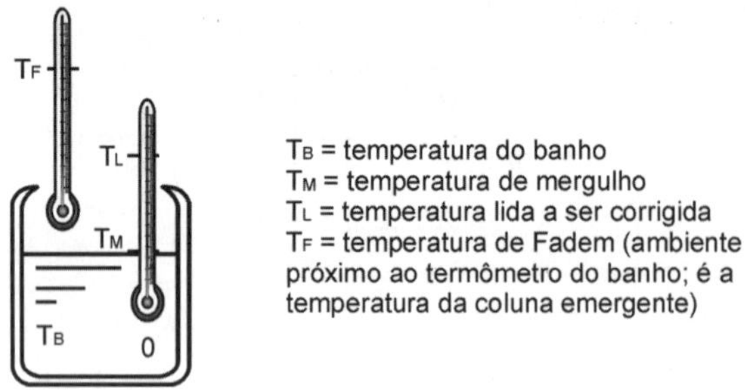

A temperatura lida T_L deve ser acrescida de uma correção C, ou seja:

$$T_B = T_L + C \text{ em que } C = K(T_L - T_M)(T_L - T_F)$$

K é um fator de correção constante, depende do tipo do vidro e do líquido termométrico, sendo igual a 0,00016 / °C para o mercúrio e 0,001 / °C para líquidos orgânicos.

Exemplo

Calcular a temperatura do fluido seguinte, medida com um termômetro a álcool.

Temos que:

$T_F = 22°C$

$T_M = 20°C$

$T_L = 40°C$

$C = [0{,}001/°C]\,(40°C - 20°C)\,(40°C - 22°C) = 0{,}36°C$

Portanto $T_B = 40°C + 0{,}36°C = 40{,}36°C$

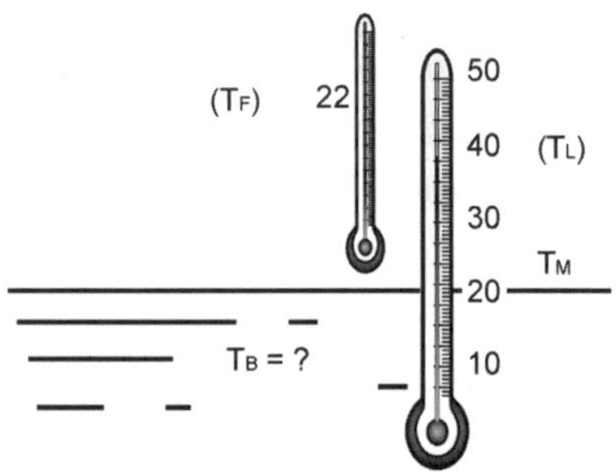

Termômetro de Imersão Parcial

Para esse tipo de termômetro valem os mesmos conceitos aplicados aos termômetros de imersão total em condição de imersão parcial.

$$C = K\,(T_L - T_{MEQ})\,(T_E - T_F)$$

em que:

T_{MEQ} = temperatura de mergulho equivalente

T_E é a temperatura especificada pelo fabricante

Exemplo

- Temperatura de mergulho equivalente na linha de imersão: $T_{MEQ} = -25°C$
- Indicação do termômetro: $T_L = -35°C$
- Temperatura especificada: $T_E = 21°C$
- Temperatura de Fadem: $T_F = 18{,}3°C$
- Tipo de líquido termométrico: orgânico
- $C = 0{,}001/\,°C\,(-35°C + 25°C)\,(21°C - 18{,}3°C) = -0{,}027°C$
- Temperatura do fluido $T_B = -35°C - 0{,}027°C = -35{,}027°C$

Observações

- Armazenar e transportar o termômetro na posição vertical. Esse procedimento evita o fracionamento da coluna do líquido termométrico.
- Quando a coluna estiver fragmentada, aquecer ou resfriar o bulbo de forma a deslocar e unir a coluna do líquido termométrico.
- Para prevenir a quebra por choque térmico, realizar um preaquecimento quando o termômetro for utilizado acima de 200°C. Imergir o termômetro em uma solução aquecida (até 100°C), fazendo um preaquecimento escalonado com intervalo de 100°C.
- Os termômetros de imersão parcial possuem uma especificação na escala (por exemplo, IMM 80 mm) ou é gravado um anel no seu corpo indicando o ponto de imersão.

Termômetros Bimetálicos

O termômetro bimetálico é o tipo mais empregado nos processos industriais, sendo baseado na dilatação de peças metálicas com coeficientes de expansão térmica diferentes. Esses termômetros indicam temperaturas na faixa de −50°C a 500°C com erros máximos admissíveis da ordem de 2% da indicação máxima.

ANOTAÇÕES

Capítulo 9

TÉCNICAS DE MEDIDAS ELÉTRICAS

O QUE SIGNIFICA "ESPECIFICAÇÃO"

Todo instrumento, quando adquirido, deve estar acompanhado de uma manual que descreva alguns tópicos fundamentais, como instruções de operação, teoria de operação, manutenção, calibração, lista de peças de reposição etc. Um dos tópicos obrigatórios, mesmo para os equipamentos de pouca complexidade, é a referência às especificações. Os dados fornecidos pelo fabricante podem ser tão simples quanto uma referência à exatidão e faixas de temperatura, ou podem ser informações complexas que exijam conhecimentos profundos do usuário. Vamos aqui relacionar alguns tópicos referentes a especificações.

ERROS MÁXIMOS ADMISSÍVEIS

Valor extremo do erro de medição com respeito a um valor de referência conhecido, aceito por especificações ou regulamentos para uma dada medição, instrumento de medição ou sistema de medição (EMA).

Os dados mais comuns são: **- % da leitura ou erro no ponto**

Fornecido pelo fabricante para cada ponto da escala, sendo mais comum para instrumentos analógicos. Para determinar o erro da medição, basta calcular.

$$\text{Erro} = [(\text{leitura} - \text{valor de referência}) / \text{leitura}] \times 100$$

Exemplo: o fabricante de uma ponte de medição de descargas parciais especifica que o EMA do medidor de picocoulomb é ±10 % da leitura de 5 pC a 500 pC. Se a indicação do medidor para o sinal de um calibrador padrão de 200 pC for de 180 pC, o erro será:

$$\frac{(180\,pC - 200\,pC)}{200\,pC} \times 100 = -10\%$$

- % do fundo de escala ou erro fiducial

Fornecido pelo fabricante como uma classe de exatidão, sendo a maneira mais comum de expressar o erro dos instrumentos analógicos. Para calcular o erro da medição:

Erro= [(leitura – valor de referência) / fundo de escala] x 100

Exemplo 1: um voltímetro é especificado como classe 0,2 na faixa de 250 V. Isso significa que o EMA do voltímetro é ± 0,2 % relativo ao fundo de escala, ou 0,5 V.

Exemplo 2: um manômetro de faixa nominal 10 kgf/cm^2 foi classificado como tendo classe B (±2% do total da escala para pontos entre 25% e 75% da faixa e ± 3% do total da escala para os demais pontos). Qual é o erro do manômetro quando se aplica uma pressão de referência de 5,00 kgf/cm^2 e ele indica 5,15 kgf/cm^2?

O erro será: $$\frac{5{,}15\,kgf/cm^2 - 5{,}00\,kgf/cm^2}{10\,kgf/cm^2} \times 100 = +1{,}5\%$$

- X unidades da menor leitura ou dígitos

Geralmente empregado em equipamentos digitais, sendo o dígito menos significativo tomado como a menor leitura. A forma de apresentação da leitura de um instrumento digital é por meio do número de dígitos e do formato do dígito mais significativo.

Exemplo: multímetro 3 ½ dígitos tem o dígito mais significativo igual a 0 (ou ponto) ou 1 e três dígitos de 0 a 9. As faixas do instrumento definem a posição do ponto decimal, portanto os valores máximos possíveis serão 999; 1.999; 19.99; 199.9 e 1999. Um multímetro 3 ¾ dígitos tem o dígito mais significativo de 0 a 3.

... Nota ...
A classificação de um instrumento digital pelo número de dígitos não é suficiente para abranger todas as funções que ele desempenha (nos equipamentos mais modernos), sendo preferível especificar as suas funções e o número de contagens.

Exemplo: multímetro marca Fluke, modelo 79, série II apresenta o seguinte indicador:

Capacitância e frequência – 9.999 contagens

Demais funções – 4000 contagens

- **X unidades da função**

Expressa a exatidão em unidades da função medida.

Exemplo: ±20 mV; ±18 pF etc.

A especificação completa de um instrumento emprega a combinação de duas ou três das maneiras apresentadas.

Exemplo: multímetro com 1.999 contagens, exatidão para dois anos em tensão AC.

Faixa	**EMA**		
	45 Hz a 1 kHz	1 kHz a 2 kHz	2 kHz a 5 kHz
200 mV a 200 V	± (0,75 % da leitura + 2 dígitos)	± (1,5 % da leitura + 3 dígitos)	± (5 % da leitura + 5 dígitos)

Exemplo: multímetro 6 ½ dígitos, exatidão para 90 dias em tensão DC.

Faixa	**EMA**
200m V a 300 V	± (0,00 5% da leitura + 0,0004 % da faixa + 1 μV)

ESTABILIDADE

Estabilidade é a aptidão do instrumento de medição em conservar constantes suas características metrológicas ao longo do tempo. Pode ser especificada em duas partes:

- Estabilidade por período longo e estabilidade por período curto. Essa especificação só é fornecida para instrumentos de grande exatidão.

  Exemplo: multímetro 6 ½ dígitos, estabilidade para até 180 dias da calibração.

  ± (0,05 % da leitura + 0,001 % da faixa) e para até 30 dias da calibração.

  ± (0,02 % da leitura + 0,0005 % da faixa).

- Outra forma de expressar a estabilidade é em porcentagem ou ppm (parte por milhão) da leitura em um período determinado. Exemplo: 5 ppm/dia.

TEMPO DE RESPOSTA

É o intervalo de tempo entre o instante em que um estímulo é submetido a uma variação brusca e o instante em que a resposta atinge e permanece dentro de limites especificados em torno do seu valor final estável. Para instrumentos digitais com faixa automática, o tempo de resposta inclui o tempo máximo necessário para alteração da faixa e da polaridade. Alguns fabricantes especificam o tempo de resposta em função da exatidão requerida e para uma faixa fixa. Esses valores são programáveis e função do tempo de integração em número de "ciclos" da rede (PLCS).

Exemplo

Power line cycles	**Maximum of digits**	**Readings per second; 60 Hz (50 Hz)**	
		Input $<$ 400 Hz slow response	**Input $>$ 400 Hz fast response**
0,0005	3 ½	1	9,5
0,005	4 ½	1	9,5
0,1	5 ½	1	9,25 (9,2)
1	6 ½	1	7,25 (6,9)
10	6 ½	0,7 (0,65)	2,0 (1,7)
100	6 ½	0,2 (0,17)	0,25 (0,2)

IMPEDÂNCIA DE ENTRADA

Esse parâmetro é importante porque relaciona a carga complexa que o instrumento representa para o circuito sob teste. O operador deve estar atento para este problema que pode ser encontrado quando existe uma malha crítica no circuito sob teste que provoque instabilidade. Deve observar ainda que os acessórios disponíveis precisam ser compatíveis com essa impedância.

Exemplo 1. A ponta de prova AT para multímetro digital com impedância de entrada 10 MΩ apresenta relação igual a 1000. Se for usado um multímetro com impedância diferente de 10 MΩ, essa relação não será válida.

Exemplo 2. Entrada de osciloscópio igual a 1 MΩ /12 pF. Quando for utilizada a ponta de prova, verificar se ela é compatível com essa impedância.

Exemplo 3. Entrada de osciloscópio igual a 50 Ω. Deve ser usada com critério, sendo fonte de erro quando utilizada para aplicações gerais. Geralmente requer o uso de ponta de prova ativa.

Exemplo 4. Divisores resistivos de voltímetros analógicos, podendo causar erro se a impedância do circuito sob teste for desconhecida.

REJEIÇÃO DE MODO COMUM (CMR)

Expressa a habilidade do instrumento em rejeitar ou minimizar a corrente entre o próprio terra e o terra da fonte de sinal. Geralmente a CMR é expressa como uma relação da tensão de pico de modo comum, e o erro de leitura resultante causado por uma tensão por meio de um resistor de 1 kΩ em qualquer dos terminais de entrada.

Exemplo

Common mode rejection (dB) (1 kΩ unbalance in low lead) DC ECMR 140 dB; AC NMR < 1 PLC, 76 dB; AC ECMR > 1PLC 156 dB, for 50 Hz, 60 Hz ± 0,08 %.

Neste exemplo, 140 dB é uma relação de 10.000.000 para 1 ($V1 / V2 = 10^{140/20} = 10^7$).

Se um sinal de 100,0000 mV for medido com uma resolução de 0,1 μV (multímetro 6 ½ dígitos), então com 140 dB de rejeição de modo comum teremos até 1 V de pico de tensão de modo comum antes que o dígito menos significativo se altere.

$$\frac{10.000.000}{1} = \frac{1V}{0{,}1\mu V}$$

A especificação da resistência de 1 kΩ no borne "low" é o caso mais crítico para as correntes de modo comum.

COEFICIENTE DE TEMPERATURA

A maioria dos instrumentos para medidas de alta exatidão é fabricada para operação em condições ambientais definidas, não podendo operar em temperaturas extremas ou umidade excessiva. Consequentemente, a performance do equipamento, em especial a sua exatidão, deve ser especificada para um dado limite de temperatura e umidade, e também um coeficiente de temperatura.

Exemplo: Multímetro 6 ½ dígitos

EMA ± (0,005 % da leitura + 0,000 4% da faixa + 1 μV a 23 °C ± 1 °C, umidade relativa < 70 %).

Coeficiente de temperatura: menor que ± (2 ppm da leitura + 1 μV) por °C, de 10 °C a 40 °C.

FORMAS DE ONDA

Na análise de circuitos, as formas de onda devem ser definidas como expressões matemáticas em função do tempo. Na maioria dos casos, essas expressões matemáticas são funções periódicas, ou seja, $f(t) = f(t + nT)$ em que n é um número inteiro e T é o período. Atualmente, a maioria dos equipamentos digitais, como multímetros e osciloscópios, traz informações sobre formas de onda. O operador do equipamento deve ter cuidado ao analisar essas informações, sendo recomendável sempre consultar o manual do equipamento a respeito de como os dados foram obtidos, se por cálculo ou por medição e para qual condição.

Valor Médio

A função periódica y (t) de período T tem o valor médio

$$y_{médio} = \frac{1}{T}\int_0^T y(t)dt$$

Se y (t) tiver simetria de meia onda, o valor médio será nulo. Neste caso Y médio é calculado para a metade positiva da onda.

Exemplo 1: Determinar o valor médio da função $y(t) = Y_{pico}$ sen ωt.

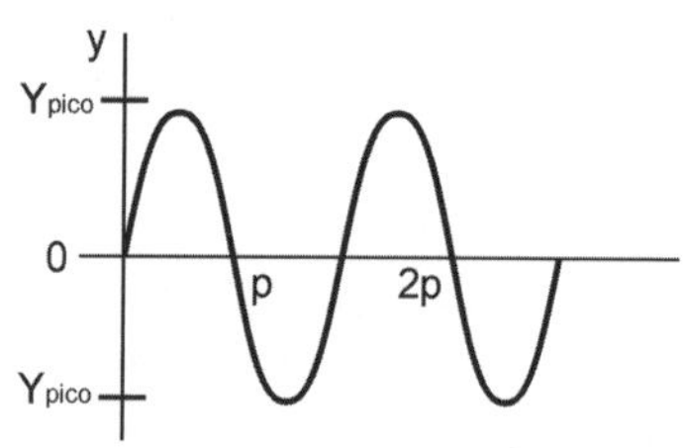

Trata-se de uma onda senoidal de período 2 π, portanto o valor médio será zero. Calculando para a metade positiva da onda, teremos:

$$y_{médio} = \frac{1}{\pi}\int_0^{\pi} Y_{pico}\,sen(\omega t)d(\omega t) = \frac{1}{\pi}Y_{pico}[-\cos\omega t]_0^{\pi} = \frac{1}{\pi}Y_{pico}[1+1] = \frac{2Y_{pico}}{\pi}$$

Exemplo 2: Um osciloscópio digital registrou a forma de onda mostrada na figura seguinte.

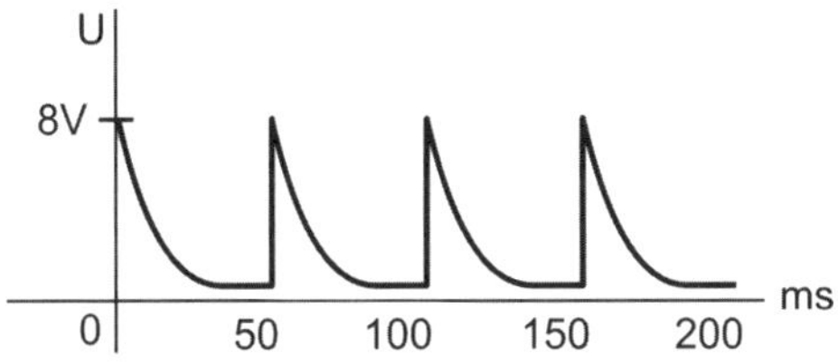

$U = 8e^{-200t}$

Calcular o valor médio da onda e comparar com a indicação do osciloscópio (função matemática).

$$U_{médio} = \frac{1}{0{,}050}\int_0^{0{,}050} 8e^{-200t} = \frac{8}{0{,}050} x \frac{1}{(-200)}[e^{-200t}]_0^{0{,}050} = -0{,}8(e^{-10} - e^{0}) = 0{,}8V$$

Valor Efetivo

Vamos supor que em um resistor de valor R, ao circular uma corrente contínua constante de valor I, tenhamos uma potência dissipada P. Se nesse resistor, ao circular uma corrente periódica qualquer I', tivermos a mesma potência dissipada P, então podemos afirmar que existe uma equivalência entre I e I', ou seja, I' tem um valor efetivo dado por:

$$Y_{efetivo} = \sqrt{\frac{1}{T}\int_0^{T} y^2(t)dt}$$

Esta analogia é empregada nos circuitos de wattímetros de alta exatidão ou medidores e calibradores AC, comparando um valor alternado com um valor contínuo. Na condição de nulo (equilíbrio) entre esses valores, podemos medir com grande exatidão o sinal contínuo e considerar esse mesmo valor para o sinal alternado. O valor efetivo também é conhecido como valor eficaz ou valor RMS (*Root Mean Square*).

Exemplo 1

Calcular o valor eficaz da função y (t) = Y_{pico} sen ωt.

$$Y_{eficaz} = \sqrt{\frac{1}{T}\int_0^T y^2(t)dt} = \sqrt{\frac{1}{2\pi}\int_0^{2\pi}(Y_{pico}\ \text{sen}\,\omega t)^2\, d(\omega t)} = \frac{Y_{pico}}{\sqrt{2}}$$

Exemplo 2

Calcular o valor eficaz da forma de onda U = 8 e $^{-200t}$ (V) no intervalo de 50 ms.

$$U_{eficaz} = \sqrt{\frac{1}{0{,}05}\int_0^{0{,}05} 64e^{-400t}dt} = \sqrt{3{,}2} = 1{,}79V$$

Fator de Forma

O fator de forma é a relação entre o valor eficaz e o valor médio de onda.

$$\text{Fator de forma} = \frac{Y_{eficaz}}{Y_{médio}} = \frac{\sqrt{\frac{1}{T}\int_0^T y^2(t)dt}}{\frac{1}{T}\int_0^T y(t)dt}$$

O fator de forma é útil na geração de tensão e nos fatores de correção dos instrumentos.

Exemplo 1: Um voltímetro AC analógico mede valor médio. Para tensão senoidal pura, a escala do voltímetro é "calibrada" em valores RMS. Neste caso, se o voltímetro indica que o valor de uma tensão senoidal é de 100 V, devemos entender que 100 V corresponde ao valor RMS. O valor médio será:

$$\text{Fator de forma} = \frac{Y_{pico}/\sqrt{2}}{2Y_{pico}/\pi} = \pi/2\sqrt{2} = 1{,}11$$

1,11 = 100 V / $U_{médio}$, portanto $U_{médio}$ = 100 V / 1,11 = 90,1 V

Exemplo 2: No manual de operação de um multímetro digital, o fabricante adverte que nas faixas de medição AC, o multímetro emprega um conversor que responde ao valor médio. Isso significa que o multímetro mede o valor médio e mostra no display o valor RMS equivalente para uma onda senoidal. Quando uma onda não senoidal é medida, alguns erros são introduzidos com uma magnitude que depende do grau de distorção dessa onda. Tendo em vista este fato, alguns fabricantes divulgam tabelas (para instrumentos com conversores de valor médio) com a relação entre o sinal senoidal, onda quadrada e onda triangular e os respectivos fatores de conversão:

Forma de onda	Valores de pico		Indicação		AC + DC Valor eficaz
	Pico a pico	Pico	Componente AC	Componente DC	$=\sqrt{(AC)^2+(DC)^2}$
Senoidal PK 0 PK 	2,828	1,414	1,000	0,000	1,000
Senoide retificada (onda completa) PK 0 	1,414	1,414	0,421	0,900	1,000
Senoide retificada (meia onda) PK 0 	2,000	2,000	0,764	0,636	1,000
Onda quadrada PK 0 PK 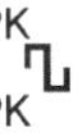	2,000	1,000	1,110	0,000	1,000
Onda quadrada retificada PK 0 	1,414	1,414	0,785	0,707	1,000

Forma de onda	Valores de pico		Indicação		AC + DC Valor eficaz $= \sqrt{(AC)^2 + (DC)^2}$
	Pico a pico	Pico	Componente AC	Componente DC	
Pulso retangular  D=X/Y $K = \sqrt{(D - D^2)}$	2,000	2,000	2,22K	2D	$2\sqrt{D}$
Dente de serra triangular 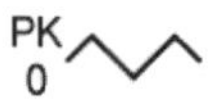	3,464	1,732	0,960	0,000	1,000

CUIDADOS BÁSICOS EM MEDIDAS DE ALTA EXATIDÃO

Nas medições de alta exatidão, geralmente envolvendo vários instrumentos e cabos de ligação de diversos tipos, devemos tomar certos cuidados para eliminar correntes de fuga, efeitos térmicos, resistências de contato, transientes, interferências externas etc.

Aterramento

A forma mais conhecida de melhorar um sistema de medida é aterrar os pontos comuns. Apesar de simples, essa técnica requer cuidados, para evitar erros de medida e situações perigosas para o operador e os instrumentos.

Exemplo 1: Circuito flutuante

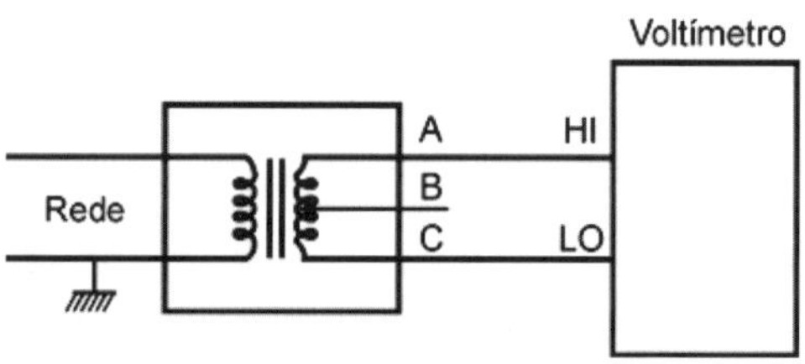

No circuito do exemplo 1, o secundário do transformador está conectado ao voltímetro nos terminais apropriados Hi e Lo. Embora os equipamentos digitais permitam que o potencial do terminal Lo seja diferente de zero (até 500 V de pico) em relação ao terminal de terra, pode haver situação de risco para o operador e o equipamento. Neste caso o ideal seria aterrar o terminal Lo ou o terminal C do secundário do transformador.

Na medição do potencial A e B, se o terminal C do transformador estiver aterrado, o terminal Lo do voltímetro deve permanecer flutuante para evitar curto-circuito entre B e C. A melhor maneira de medir em um circuito flutuante é por meio de equipamentos diferenciais aterrados.

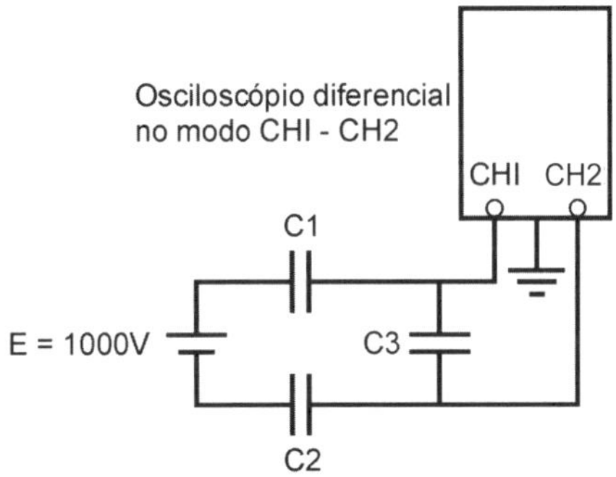

Exemplo 2: Qual é o melhor ponto de terra no circuito seguinte?

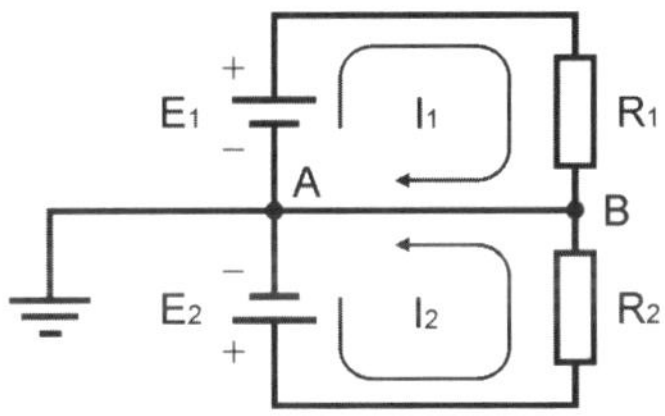

No caso ideal, o circuito está correto, entretanto a resistência dos fios da malha de aterramento não é zero, portanto haverá uma diferença de potencial entre os pontos A e B em função de I_1 e I_2.

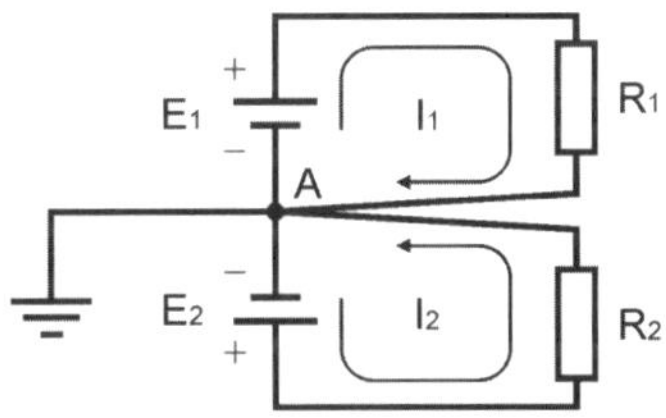

Em vez de um retorno comum AB, devem ser usados dois retornos aterrados em um único ponto como na figura anterior. Cada circuito (malha fechada) utilizado deve ter seu próprio retorno separado de maneira que apenas a corrente desse circuito e nenhuma outra circule através dele.

Exemplo 3: Um equipamento de medida foi fornecido com um cabo de força americano (plugue com dois pinos chatos e um pino redondo de terra). No local de uso as tomadas não têm o pino de terra. Se o pino terra do plugue for cortado, o equipamento funciona?

Em instalações bem executadas, a distribuição das tomadas de força depende da carga estimada, podendo uma mesma sala possuir vários circuitos independentes e cada circuito ter várias tomadas. Os polos vivos que transportam a corrente da carga são ligados no transformador de força e o polo de terra é conectado na carcaça ou chassi do instrumento. O propósito dessa ligação é desviar as correntes indesejáveis para o ponto de terra por um caminho de baixa resistência conforme a figura seguinte:

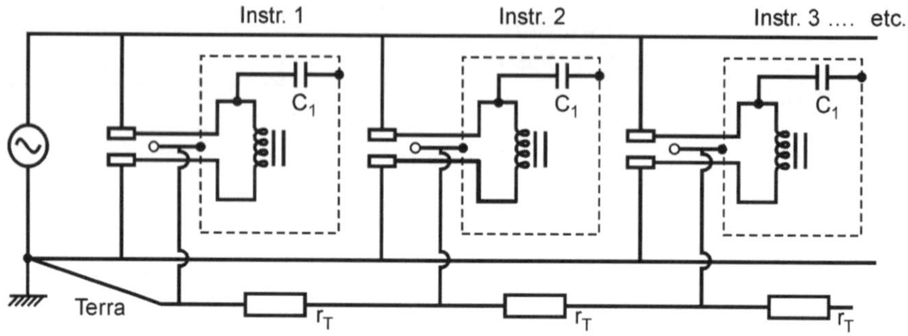

As capacitâncias parasitas (tais como a capacitância entre o primário e o núcleo de um transformador) causam uma fuga de corrente até a ligação do terra no ponto de distribuição. Haverá uma queda de tensão ao longo da linha de terra com resistência r_T elevando o potencial do chassi do equipamento. Esse potencial causa um erro quando o terminal "Lo" do instrumento está conectado ao terra, havendo uma soma desse potencial com o sinal a ser medido. O efeito de r_T fica minimizado se os cabos de alimentação forem ligados na "mesma tomada".

Se possível, o equipamento com maior fuga de terra deve ser conectado em outro circuito independente. Os cabos de sinal devem ser curtos e de preferência coaxiais de boa procedência. Nunca operar os equipamentos com a conexão entre o terra do chassi e o terra da rede desconectados nem usar adaptadores de tomada sem o terminal de terra. A suspensão desse terminal pode causar choques elétricos perigosos.

Blindagem

A blindagem é um escudo contra radiações eletromagnéticas. Essas radiações podem ser geradas por muitas fontes, tais como: linhas de transmissão, lâmpadas fluorescentes, motores elétricos, telefones celulares, tubos de raios catódicos, equipamentos de comunicação, transmissores, sinal lógico digital de computadores etc.

Uma blindagem local Faraday constituída de uma chapa metálica aterrada intercalada entre a fonte de radiação e o circuito de medição pode reduzir a interferência devido aos campos elétricos em níveis aceitáveis. O melhor resultado é obtido quando a blindagem aterrada envolve separadamente a fonte de ruído e o circuito de medição. Nas instalações de laboratório, os fios de força devem passar em eletrodutos metálicos aterrados e as lâmpadas fluorescentes devem ter as luminárias aterradas.

No caso de interferências devido aos campos magnéticos, temos duas maneiras de reduzi-las: diminuindo a área em que a interferência é captada e reduzindo a intensidade do campo magnético. As pontas de prova dos instrumentos devem ser torcidas, recurso que não só minimiza a área de indução, como cancela o fluxo induzido em direções opostas. Outra maneira de interligar instrumentos é por meio de cabos coaxiais de boa procedência.

A fonte de interferência magnética deve ser blindada com ferro, ligas de ferro e também materiais de alta condutividade, como cobre e alumínio. O ferro e suas ligas atenuam as interferências magnéticas pela concentração das linhas do fluxo magnético.

Screen

Em medidas de alta exatidão alguns cuidados devem ser tomados com relação à disposição dos componentes internos dos circuitos. Se considerarmos uma ponte AC (Wagner, Shering-Alberti etc.) cujos braços envolvem impedâncias precisas, teremos que cada componente da ponte pode ter a impedância alterada pela distância desse componente em relação a uma massa metálica e até do próprio operador. O equilíbrio da ponte então será possível apenas para um determinado arranjo.

Para que o arranjo fique independente da posição relativa dos componentes da ponte, eles devem ser envolvidos em uma malha conhecida como "screen". O screen pode ser uma caixa metálica com um terminal de ligação.

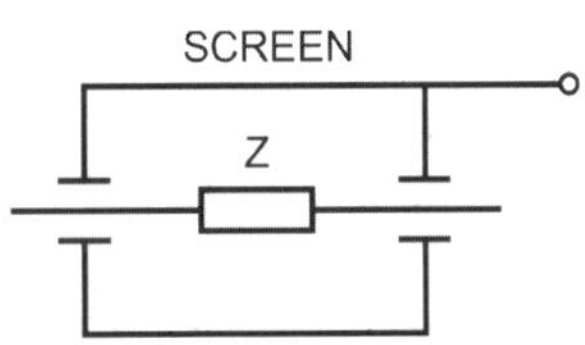

Como há uma capacitância de fuga entre o screen e o terra, devemos aterrar todos os terminais de ligação do screen. Quando a ponte envolve o uso de divisores capacitivos e capacitor padrão externo, será necessário o uso de um regulador de "guard".

Guard

A figura seguinte representa um circuito utilizado frequentemente para várias situações:

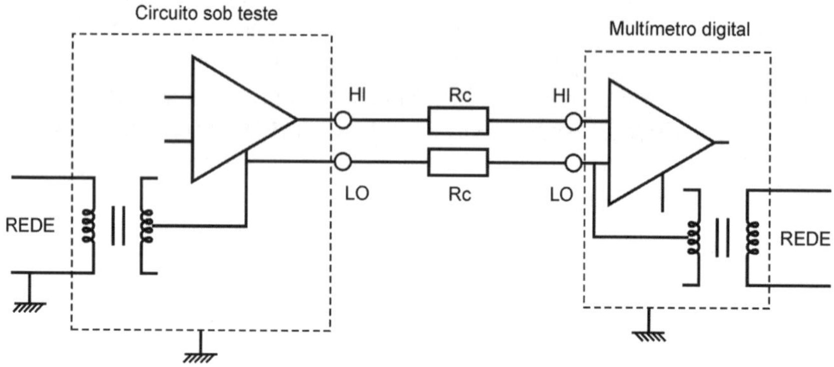

Os instrumentos estão com as carcaças aterradas por meio dos cabos de força. Do ponto de vista prático, a medida apresenta um erro devido às capacitâncias e resistências de fuga entre as derivações dos transformadores e as ligações de terra das carcaças.

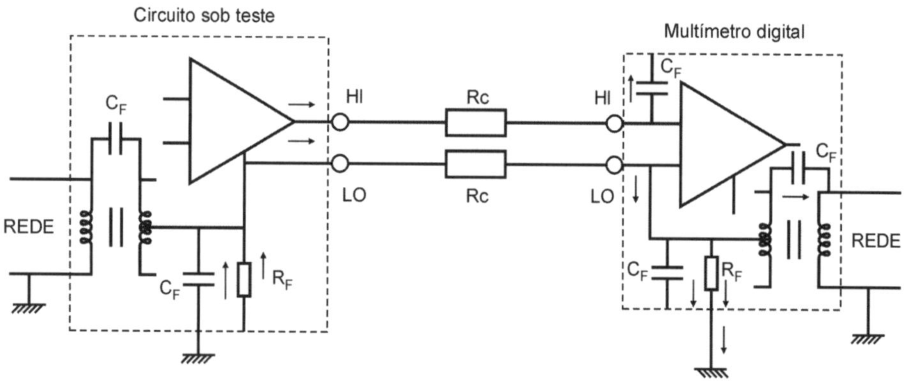

A corrente de modo comum causa uma queda de tensão em Rc que será medida pelo multímetro, além de se dividir entre os seus circuitos críticos, como amplificadores e conversores. Se as partes críticas do multímetro forem envolvidas em uma blindagem, a corrente de modo comum pode ser reduzida em níveis aceitáveis, desde que o terminal dessa blindagem seja conectado em local correto. Esse recurso é conhecido como "guard".

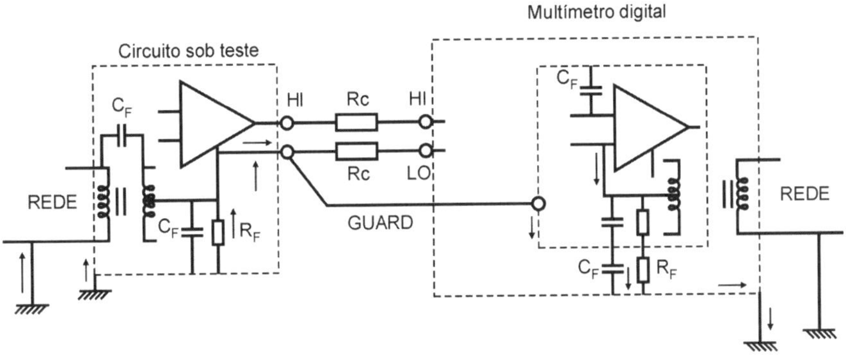

O terminal de "guard" deve ser ligado ao terminal "Lo" do circuito sob teste, formando uma impedância de valor baixo e um caminho fácil para a corrente de modo comum. O terminal de guard pode ser ligado diretamente no terminal "Lo" do equipamento de medida por meio de um "jump" apropriado, fornecido para essa finalidade quando:

- não existir tensão de modo comum;
- as pontas de prova forem curtas e de baixa impedância;
- as medidas não forem de alta exatidão;
- o equipamento não tiver sensibilidade ou resolução acima de 10 μV.

O terminal de guard deve ser ligado no terminal "Lo" do circuito sob teste quando:

- existir tensão de modo comum;
- a medida for de alta exatidão;
- o instrumento tiver resolução melhor que 10 μV;
- as pontas de prova forem longas.

MEDIDAS DE RELAÇÃO - O DECIBEL

O bel (B) expressa a relação de duas potências ou de dois níveis de tensão como uma função logarítmica. Para muitas aplicações o bel é uma unidade muito grande, sendo então utilizado comumente o décimo do bel (dB). A relação de uma grandeza particular relativa a um valor de referência quando expressa em dB será:

$$dB = 10 \log P_2 / P_1$$

Normalmente, P_2 representa uma potência de saída e P_1 representa a potência de entrada. Quando P_2 é maior que P_1, teremos um ganho de potência expresso em dB. Se P_1 é maior que P_2, teremos uma perda de potência expressa em - dB. Da expressão matemática podemos concluir que, dobrando o valor da potência, teremos uma variação de 3dB.

A relação de duas tensões ou de duas correntes será

$$dB = 10 \log (E^2{}_2 / R) \cdot (R / E^2{}_1) = 20 \log E_2 / E_1 \quad \text{ou} \quad dB = 20 \log I_2 / I_1$$

Embora a relação de potência seja independente da fonte ou dos valores de impedância de carga, as relações de tensão e corrente só serão verdadeiras quando as impedâncias forem iguais. Em circuitos nos quais essas impedâncias são diferentes, devemos empregar a expressão.

$$dB = 20 \log \frac{E_1\sqrt{R_2}}{E_2\sqrt{R_1}} \quad \text{e} \quad dB = 20 \log \frac{I_1\sqrt{R_1}}{I_2\sqrt{R_2}}$$

em que:

R_1 = impedância da fonte $\qquad$ R_2 = impedância da carga

Decibels são frequentemente usados com um nível de referência específico. O nível de referência mais comum é o "volume unit" ou VU e o "decibel meter" ou dBm. Quando o VU é usado, assume-se que o nível zero (0 dB) é igual a 0,001 watt em 600 Ω, portanto:

$$VU = 10 \log P_2 / 0{,}001 = 10 \log P_2 / 10^{-3} = 10 \log 10^3 P_2 = 30 + 10 \log P_2$$

O dBm e o VU têm a mesma referência zero. A escala dBm é usada geralmente onde o sinal é uma senoide de frequência 1 kHz e o VU é usado geralmente para sinais complexos de áudio.

Os equipamentos de medida com escala em dB apresentam a relação de potência e não a relação de tensão. Devem trazer na escala a indicação 0 dB - 1 mW - 600 Ω, que também representa 0,775 V RMS em um resistor de 600 Ω. A escala dB dos instrumentos é relacionada a uma das escalas AC (normalmente a menor escala), enquanto o seletor de faixas indica um certo valor adicionado em relação a essa escala.

Exemplo

Em um voltímetro AC a escala dB está relacionada a 3 V. Se o seletor de faixas está em 3 V, então a leitura em dB é direta na escala. Se o seletor de faixas estivesse em 8 V; 40 V ou 160 V, seria necessário adicionar 3,5 dB; 22,5 dB, ou 34,5 dB à leitura da escala. Os valores de correção são impressos no seletor de faixas e são válidos apenas para o próprio instrumento, sendo aconselhável sempre consultar o manual do fabricante.

Se uma medição em dB for realizada em um instrumento com escala baseada em uma impedância de 600 Ω, e a carga real for diferente de 600 Ω, então será necessário o emprego de um fator de correção. Como a potência muda de valor quando as impedâncias são alteradas, é possível a aplicação da função matemática 10 log (R_2 / R_1), em que R_2 = 600 Ω e R1 é a resistência utilizada.

Exemplo

- Carga = 500 Ω e leitura = 0 dB = 0,775 V (RMS).
- Fator de correção: 10 log (600 Ω / 500 Ω) = 10 log 1,2 = 0,792, portanto o valor 0,8 dB deve ser somado à leitura de 0 dB.

Exemplo

- Impedância da carga = 300 Ω e leitura = 9 dB, portanto a medição correta será 9 dB + 3 dB = 12 dB.

Conclusões

- Se R_1 = R_2 = 600 Ω, não há problema de medição, devendo-se simplesmente fazer a leitura.
- Se R_1 = R_2 é diferente de 600 Ω, o ganho relativo em dB é correto, mas o valor absoluto é incorreto.
- Se R_1 é diferente de R_2 e diferentes de 600 Ω, a medida relativa será incorreta.

Exemplo

- Impedância de entrada = 300 Ω e medição = 7 dB.
- Impedância de saída = 8 Ω e medição = 3 dB.
- Medição com instrumento usando referência de 600 Ω.

Há uma perda aparente de 4 dB (3 dB – 7 dB = –4 dB). Entretanto, aplicando os fatores de correção, notaremos que a medição em 300 Ω requer uma correção de +3 dB, portanto a medida correta será +10 dB e a medição em 8 Ω requer uma correção de 18,8 dB, dando uma saída de 21,8 dB. Neste caso o ganho real será 11,8 dB.

MEDIÇÃO DE VALORES BAIXOS (CORRENTE CONTÍNUA)

Na maioria das aplicações, um multímetro digital pode ser empregado para medições de tensões, correntes e resistências. Para certas faixas de medida, notamos que o multímetro digital apresenta limitações, principalmente quando se deseja medir níveis baixos de tensão, corrente ou resistências de valores altos. Tais limitações se devem à não aproximação do instrumento aos limites teóricos de sensibilidade. O limite teórico de sensibilidade em qualquer medição é determinado pelo ruído gerado pelas resistências envolvidas no circuito.

Exemplo

Medição a 25 °C, tempo de resposta 100 ms a 10 s; a curva de limite para medição de tensão será:

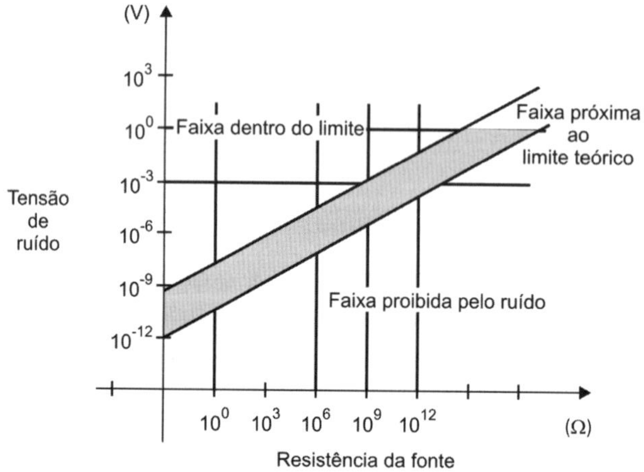

Observamos que na medição de um sinal de 1 mV, se a resistência da fonte for 1 Ω, não teremos problema de ruído. Para uma fonte com resistência de 1 M Ω estaremos próximos do limite teórico e teremos, portanto, uma medição difícil de ser feita com um multímetro digital comum. Para uma fonte com resistência acima de 1 M Ω, a medição será impossível.

Além de o multímetro digital não ter sensibilidade suficiente em tensão ou corrente, ainda apresenta corrente de "offset" alta na medição de tensão, tensão de "offset" alta na medição de corrente e resistência de entrada baixa (típico 10 M Ω), fatores que aumentam o ruído na medição, alteram as características dos circuitos e causam erros grosseiros.

Ruído

O limite fundamental de medida é o ruído Johnson da resistência da fonte.

Em qualquer resistência ocorre um movimento de partículas causado por energia térmica, resultando no ruído conhecido como ruído térmico ou Johnson:

$$P = 4k\,T\Delta f$$

em que:

k = constante de Boltzmann (1,38 x 10^{-23} J/ K)

T = temperatura (kelvin)

Δf = banda passante em Hz

P = potência devido ao movimento das partículas

A tensão de ruído desenvolvida no resistor será:

$$E = \sqrt{4kTR\Delta f} \quad \text{em V (RMS)}$$

A corrente de ruído desenvolvida no resistor será:

$$I = \sqrt{\frac{4kT\Delta f}{R}} \quad \text{em A (RMS)}$$

Estudos estatísticos mostram que o ruído pico a pico é cinco vezes maior que o ruído RMS em 99 % do tempo; portanto, o nível RMS é multiplicado geralmente por cinco na avaliação do valor pico a pico, então a 300 K:

$$E_{pp} = 6{,}5x10^{-10}\sqrt{R\Delta f} \qquad \text{e} \qquad I_{pp} = 6{,}5x10^{-10}\sqrt{\frac{\Delta f}{R}}$$

Estas equações sugerem vários meios de redução do ruído térmico, como redução da banda passante, diminuição da temperatura da fonte de sinal ou alteração da resistência da fonte.

Ruído de Entrada e Ruído de Saída dos Instrumentos de Medida

Ruído de Entrada

O ruído de um instrumento é a variação de curta duração na leitura devido às suas próprias características construtivas. Tensão de ruído é observada quando a entrada de um voltímetro é curto-circuitada; corrente de ruído é observada quando a entrada de circuito aberto de um amperímetro está blindada contra interferências externas. A corrente de ruído produz uma tensão proporcional à fonte.

O ruído total do instrumento será:

$$E_{total} = \sqrt{E_{curto}^2 + I_{aberto}^2 \times R_{fonte}^2}$$

em que:

E_{curto} = tensão com entrada curto-circuitada

I_{aberto} = corrente com entrada aberta e blindada

R_{fonte} = resistência da fonte

O ruído total na entrada do instrumento será:

$$E_{entrada} = \sqrt{E_R^2 + E_s^2 + E_{total}^2}$$

em que:

E_R = (da resistência de ruído)

E_s = (da fonte)

E_{total} = (do instrumento)

Ruído de Saída

O ruído de saída pode ser detectado na saída do instrumento (se houver), sendo medido sobre uma banda passante mais larga que a banda passante do display (visual). Ele contém ruído branco (ruído aleatório com energia constante por unidade de banda passante) e componentes nas frequências usadas no instrumento, como, por exemplo, a frequência da rede e frequências dos "clocks" internos.

Deriva nos Instrumentos de Medida - "zero drift"

Deriva é uma mudança gradual na indicação do zero do instrumento sem sinal de entrada. Embora alguns instrumentos possuam um ajuste de zero, o "offset" resultante produz um erro de adição no sinal de entrada. A deriva é especificada como uma função do tempo ou da temperatura.

Ruído Causado por Efeitos Diversos

O ruído causado por resistores define o limite de sensibilidade da medida, porém outros efeitos contribuem de maneira significativa com os níveis de ruído e deriva. Esses efeitos, quando não são entendidos e devidamente controlados, podem elevar os limites práticos de medida, impostos pelos resistores e pelos instrumentos.

Na medição de baixas tensões, a deriva causada por FEM, térmica e malhas de terra podem causar erro de vários microvolts.

Na medição de baixas correntes, efeitos eletroquímicos podem gerar vários nanoamperes de erro acima da corrente a ser medida.

Os pontos importantes a serem observados são:

- entender o fenômeno de baixo nível que afeta a medição;
- projeto e construção apropriados da fonte de sinal e conexões que minimizem os erros;
- instrumento apropriado à medição.

Relação de Tempo e Frequência

Embora o enfoque da medição de baixo nível de sinal seja em corrente contínua, na análise de ruído e velocidade de resposta do instrumento, devemos considerar as relações de tempo e frequência dos circuitos eletrônicos.

Uma tensão DC estável aplicada à entrada de um voltímetro não apresenta dificuldade conceitual de medida, porém se o sinal estiver acompanhado de um componente variável no tempo, tal como um sinal AC superposto, então o voltímetro tenderá a acompanhar a variação do sinal.

Quando a frequência do sinal AC aumenta, a resposta do voltímetro DC diminui até que em certa frequência apenas a média da tensão de entrada será medida. A frequência na qual a resposta do voltímetro a um sinal AC cai para 70% é normalmente denominada ponto de –3 dB.

A banda passante, que define uma faixa de frequências em que o instrumento responde à variação do sinal, e a resposta a um degrau são maneiras de "medir" a resposta do instrumento.

O tempo de subida atribuído a um instrumento (*rise time*) é definido como o intervalo necessário para a saída atingir de 10 % a 90 % da amplitude final, quando a amplitude do sinal de entrada muda instantaneamente de zero a algum valor fixo.

A resposta de um circuito passa-baixa a uma entrada degrau de amplitude V é exponencial com a constante de tempo RC. Como a tensão no capacitor não muda instantaneamente, a saída começa de zero e sobe até o valor estável V, conforme:

$$v_o = V\,(1 - e^{-t/RC})$$

O tempo necessário para v_o atingir 10% de V será 0,1 RC e para atingir 90 % de V será 2,3 RC. A diferença entre estes dois valores é o tempo de subida:

$$tr = 2{,}2\ RC = 2{,}2 / 2\ \pi f_H = 0{,}35 / f_H$$

em que f_H é a frequência superior para –3 dB.

O tempo de subida afeta a exatidão da medida quando é da mesma ordem de grandeza do período da medida. Para reduzir o erro a 1%, cerca de dois tempos de subida são necessários, e para reduzi-los a 0,1%, são necessários três tempos de subida.

Apêndice A

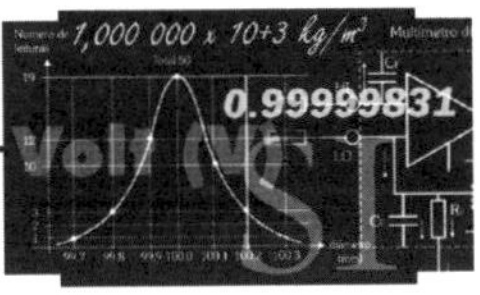

VOCABULÁRIO INTERNACIONAL DE METROLOGIA

CONCEITOS FUNDAMENTAIS E GERAIS E TERMOS ASSOCIADOS (VIM)

Este vocabulário é uma tradução não oficial dos termos e dos conceitos apresentados na publicação JCGM 200: 2012 International vocabulary of metrology - Basic and general concepts and associated terms (VIM) 3rd edition 2008 version with minor corrections. O objetivo é fornecer um material de consulta que possa ser utilizado por técnicos, engenheiros, professores e o público em geral. O texto apresentado introduz a mudança da grafia do prefixo quilo para kilo, de acordo com o Acordo Ortográfico da Língua Portuguesa de 1990, e, ainda a obediência à regra do BIPM para formação das unidades com a junção simples do prefixo (múltiplos e submúltiplos) ao nome da unidade. Portanto, são alteradas as grafias milímetro para milimetro, centímetro para centimetro, quilograma para kilograma, quilômetro para kilometro etc.

GRANDEZAS E UNIDADES

grandeza / quantity / grandeur

propriedade de um fenômeno, corpo, ou substância, que se pode exprimir quantitativamente sob a forma de um número e de uma referência.

NOTAS

1) O conceito genérico de "grandeza" pode ser subdividido em vários níveis de conceitos específicos, como indicado na tabela seguinte. O lado esquerdo da tabela mostra conceitos específicos de grandeza, que são genéricos para as grandezas individuais da coluna da direita.

<table>
<tr><td rowspan="2">comprimento, l</td><td>raio, r</td><td>raio do círculo A, r_A ou r(A)</td></tr>
<tr><td>comprimento de onda, λ</td><td>comprimento da radiação D do sódio, λ_D ou λ (D; Na)</td></tr>
<tr><td rowspan="2">energia, E</td><td>energia cinética, T</td><td>energia cinética da partícula i num dado sistema, T_i</td></tr>
<tr><td>calor, Q</td><td>calor de vaporização da amostra i de água, Q_i</td></tr>
<tr><td colspan="2">carga elétrica, Q</td><td>carga elétrica do próton, e</td></tr>
<tr><td colspan="2">resistência elétrica, R</td><td>resistência elétrica do resistor i num dado circuito, R_i</td></tr>
<tr><td colspan="2">concentração em quantidade de substância de um constituinte B, c_B</td><td>concentração em quantidade de substância de etanol na amostra de vinho i, ci (C_2H_5OH)</td></tr>
<tr><td colspan="2">concentração em número da entidade B, C_B</td><td>concentração em número de eritrócitos na amostra i de sangue, C (Eris; Bi)</td></tr>
<tr><td colspan="2">dureza Rockwell C, HRC</td><td>dureza Rockwell C da amostra i de aço, HRCi</td></tr>
</table>

2) Uma referência pode ser uma unidade de medida, um procedimento de medição, um material de referência ou uma combinação deles.

3) Os símbolos das grandezas são dados nas normas séries ISO 80000 e IEC 80000, *Grandezas e unidades*. Os símbolos das grandezas são escritos em itálico. Um dado símbolo pode indicar diferentes grandezas.

4) O formato preferido pela IUPAC-IFCC para a designação de grandezas na área de medicina laboratorial é "Sistema–Componente; natureza de uma grandeza".

> ***Exemplo:*** "*Plasma (Sangue)–Íon sódio; concentração em quantidade de substância igual a 143 mmol/l numa dada pessoa em determinado momento*".

5) Uma grandeza tal como definida aqui é um escalar. Contudo, um vetor ou um tensor cujos componentes sejam grandezas também são considerados grandezas.

6) O conceito "grandeza" pode ser genericamente dividido em, por exemplo, grandeza física, grandeza química e grandeza biológica, ou grandeza de base e grandeza derivada.

natureza de uma grandeza / kind of quantity / nature de grandeur
natureza / kind / nature

Aspecto comum a grandezas mutuamente comparáveis.

NOTAS

1) A divisão de "grandeza" de acordo com "natureza de uma grandeza" é, de certa maneira, arbitrária.

> ***Exemplos***
>
> *a) As grandezas diâmetro, circunferência e comprimento de onda são geralmente consideradas grandezas da mesma natureza, isto é, da natureza da grandeza denominada comprimento.*
>
> *b) As grandezas calor, energia cinética e energia potencial são geralmente consideradas grandezas da mesma natureza, isto é, da natureza da grandeza denominada energia.*

2) Grandezas da mesma natureza, num dado sistema de grandezas, têm a mesma dimensão.

Contudo, grandezas de mesma dimensão não são necessariamente do mesmo tipo.

Exemplo: *As grandezas momento de uma força e energia, por convenção, não são consideradas da mesma natureza, embora tenham a mesma dimensão. Do mesmo modo, para capacidade térmica e entropia, bem como para o número de entidades, permeabilidade relativa e fração mássica.*

sistema de grandezas / system of quantities / système de grandeurs

Conjunto de grandezas associado a um conjunto de relações não contraditórias entre essas grandezas.

NOTA: As grandezas ordinais, tais como a dureza Rockwell C, geralmente não são consideradas parte de um sistema de grandezas porque apenas estão relacionadas com outras grandezas mediante relações empíricas.

grandeza de base / base quantity / grandeur de base

Grandeza num subconjunto convencionalmente escolhido de um dado sistema de grandezas, no qual nenhuma grandeza do subconjunto possa ser expressa em função das outras.

NOTAS

1) O subconjunto mencionado na definição denomina-se conjunto das grandezas de base.

2) As grandezas de base são referidas como mutuamente independentes, dado que uma grandeza de base não pode ser expressa como o produto de potências das outras grandezas de base.

3) A grandeza "número de entidades" pode ser considerada uma grandeza de base em qualquer sistema de grandezas.

grandeza derivada / derived quantity / grandeur dérivée

Grandeza, num sistema de grandezas, definida em função das grandezas de base desse sistema.

Exemplo: *Num sistema de grandezas que tenha as grandezas de base comprimento e massa, a massa específica é uma grandeza derivada, definida como o quociente da massa pelo volume (comprimento ao cubo).*

Sistema Internacional de grandezas ISQ / International System of Quantities / Système international de grandeurs ISQ

Sistema de grandezas apoiado nas sete grandezas de base: comprimento, massa, tempo, corrente elétrica, temperatura termodinâmica, quantidade de substância e intensidade luminosa.

NOTA

1) Esse sistema de grandezas está publicado nas séries ISO 80000 e IEC 80000 *Quantities and units.*

dimensão de uma grandeza / quantity dimension ou dimension of a quantity / dimension d'une grandeur
dimensão / dimension / dimension

Expressão da dependência de uma grandeza em relação às grandezas de base de um sistema de grandezas sob a forma do produto de potências de fatores, correspondendo às grandezas de base omitindo qualquer fator numérico.

Exemplos

a) No ISQ, a dimensão da grandeza força é expressa como $\dim F = L\,M\,T^{-2}$

b) No mesmo sistema de grandezas, $\dim \rho_B = ML^{-3}$ *é a dimensão da concentração em massa do componente B, e* ML^{-3} *é também a dimensão da massa específica,* ρ_B *(massa volúmica).*

c) O período T de um pêndulo de comprimento l, num lugar com a aceleração local da gravidade g, é:

$$T=2\pi\sqrt{\frac{l}{g}} \quad \text{ou } T=C(g)\sqrt{l} \qquad \text{Em que } C(g)=\frac{2\pi}{\sqrt{g}}$$

Assim: $\dim C(g) = L^{-1/2}\,T$

NOTAS

1) Uma potência de um fator é o fator elevado a um expoente. Cada fator é a dimensão da grandeza de base.

2) A representação simbólica convencionada da dimensão de uma grandeza de base é uma única letra maiúscula em caractere romano (na vertical), do tipo sans-serif. A representação simbólica convencionada da dimensão de uma grandeza derivada é o produto de potências das dimensões das grandezas de base de acordo com a definição da grandeza derivada. A dimensão da grandeza Q é notada por dim Q.

3) Ao estabelecer a dimensão de uma grandeza, não interessa o caráter de escalar, vetor ou tensor.

4) Num dado sistema de grandezas,

– grandezas da mesma natureza têm a mesma dimensão,

– grandezas de diferentes dimensões são sempre de natureza diferente e

– grandezas da mesma dimensão nem sempre são da mesma natureza.

5) No ISQ, os símbolos que representam as dimensões das grandezas de base são:

Grandeza de base	Símbolo da dimensão
comprimento	L
massa	M
tempo	T
corrente elétrica	I
temperatura termodinâmica	Θ
quantidade de matéria	N
intensidade luminosa	J

Assim, a dimensão da grandeza Q é notada por dim $Q = L^{\alpha} M^{\beta} T^{\gamma} I^{\delta} \Theta^{\varepsilon} N^{\zeta} J^{\eta}$, em que os expoentes, denominados expoentes dimensionais, são positivos, negativos ou zero.

Grandeza adimensional / quantity of dimension one / grandeur sans dimension

Grandeza de dimensão um / dimensionless quantity / grandeur de dimension um

grandeza para a qual todos os expoentes dos fatores correspondentes às grandezas de base na sua dimensão são zero.

NOTAS

1) O termo "grandeza sem dimensão" é normalmente usado e mantido por razões históricas. Ele resulta do fato de que todos os expoentes são zero na representação simbólica da dimensão dessas grandezas. O termo "grandeza de dimensão um" reflete a convenção segundo a qual a representação simbólica de tais grandezas é o símbolo (1) (ver ISSO 31-0:1992, subcláusula 2.2.6).

2) As unidades de medida e os valores das grandezas adimensionais são números, mas tais grandezas fornecem mais informação do que um número.

3) Algumas grandezas adimensionais são definidas pelas relações entre duas grandezas da mesma natureza.

Exemplo: *ângulo plano, ângulo sólido, índice de refração, permeabilidade relativa, fração mássica, fator de atrito, número de Mach.*

4) Os números de entidades são grandezas de dimensão 1.

Exemplo: *Número de espiras numa bobina, número de moléculas numa dada amostra, degeneração de níveis de energia de um sistema quântico.*

Unidade de medida / measurement unit / unité de mesure

unidade / unit / unité

Grandeza escalar real, definida e adotada por convenção, com a qual qualquer outra grandeza da mesma natureza pode ser comparada para exprimir a relação das duas grandezas na forma de um número.

NOTAS

1) As unidades de medida têm nomes e símbolos atribuídos por convenção.

2) As unidades de medida da mesma dimensão são designadas pelo mesmo nome e símbolo, mesmo quando as grandezas não são da mesma natureza. Por exemplo, joule por kelvin e J/K são, respectivamente, nome e símbolo da unidade de medida de capacidade térmica e da unidade de medida de entropia, que não são geralmente consideradas grandezas da mesma natureza. Contudo, em alguns casos nomes especiais de unidades de medida são utilizados exclusivamente para grandezas de uma natureza específica. Por exemplo, a unidade de medida "segundo a potência menos um" (1/s) é chamada hertz (Hz) quando usada para frequências e becquerel (Bq) quando usada para a atividade de radionuclídeos.

3) As unidades de medida de grandezas adimensionais são números. Em alguns casos são dados nomes especiais a essas unidades, por exemplo, radiano, esferorradiano e decibel, ou são expressas por quocientes tais como milimol por mol igual a 10^{-3} e micrograma por kilograma igual a 10^{-9}.

4) Para uma dada grandeza, o termo abreviado "unidade" é muitas vezes combinado ao nome da grandeza, tal como "unidade de massa".

Unidade de base / base unit / unité de base

Unidade de medida que é adotada por convenção para uma grandeza de base.

NOTAS

1) Num sistema de unidades coerente, há apenas uma unidade de base para cada grandeza de base.

> ***Exemplo:*** *No SI, o metro é a unidade de base de comprimento. No sistema CGS, o centimetro é a unidade de base de comprimento.*

2) Uma unidade de base pode ser também usada para uma unidade derivada da mesma dimensão.

> ***Exemplo:*** *A precipitação pluvial, definida como volume por área, tem o metro como unidade derivada coerente no SI.*

3) Para número de entidades, o número um, símbolo 1, pode ser considerado uma unidade de base em qualquer sistema de unidades.

Unidade derivada / derived unit / unité dérivée

Unidade de medida para uma grandeza derivada.

> ***Exemplo:*** *O metro por segundo, símbolo m/s e o centimetro por segundo, símbolo cm/s, são unidades derivadas da velocidade no SI. O kilometro por hora, símbolo km/h, é uma unidade de medida de velocidade fora do SI, mas aceito para uso com o SI. O nó, igual a uma milha náutica por hora, é uma unidade de medida de velocidade fora do SI.*

Unidade derivada coerente / coherent derived unit / unité dérivée cohérente

Unidade derivada que, para um dado sistema de grandezas e para um dado conjunto de unidades de base, é o produto de potências de unidades de base sem outro fator de proporcionalidade além do número um.

NOTAS

1) Uma potência de uma unidade de base é a unidade de base elevada a um expoente.

2) A coerência pode ser determinada apenas com respeito a um sistema de grandezas particular e a um dado conjunto de unidades de base.

> ***Exemplo:*** *Se o metro, o segundo e o mol são unidades de base, o metro por segundo é a unidade derivada coerente de velocidade quando a velocidade é definida pela equação da grandeza* $v = dr / dt$*, e o mol por metro cúbico é a unidade derivada coerente de concentração de quantidade de substância quando a concentração de quantidade de substância é definida pela equação da grandeza* $c = n / V$*. O kilometro por hora e o nó, dados como exemplos de unidades derivadas, não são unidades derivadas coerentes nesse sistema.*

3) Uma unidade derivada pode ser coerente num sistema de grandezas e não o ser em outro.

> ***Exemplo:*** *O centimetro por segundo é a unidade derivada coerente de velocidade no sistema de unidades CGS, mas não é uma unidade derivada coerente no SI.*

4) A unidade derivada coerente para toda grandeza adimensional derivada num dado sistema de unidades é o número um, símbolo 1. O nome e o símbolo da unidade de medida um não são geralmente indicados.

Sistema de unidades / system of units / système d'unités

Conjunto de unidades de base e de unidades derivadas, juntamente com os seus múltiplos e submúltiplos, definido de acordo com as regras dadas para um dado sistema de grandezas.

Sistema coerente de unidades / coherent system of units / système cohérent d'unités

Sistema de unidades, baseado num dado sistema de grandezas, no qual a unidade de medida para cada grandeza derivada é uma unidade derivada coerente.

Exemplo: *O conjunto das unidades SI coerentes e as relações entre essas unidades.*

NOTAS

1) Um sistema de unidades só pode ser coerente relativamente a um sistema de grandezas e às unidades de base adotadas.

2) Para um sistema coerente de unidades, as equações de valores numéricos têm a mesma forma, incluindo fatores numéricos, das correspondentes equações das grandezas.

Unidade de medida fora do sistema / off-system measurement unit ou off-system unit / unité hors système

Unidade de medida que não pertence a um dado sistema de unidades.

Exemplos

a) O elétron-volt (cerca de 1,602 18 × 10^{-19} J) é uma unidade de medida de energia fora do sistema, com respeito ao SI.

b) O dia, a hora e o minuto são unidades de medida de tempo fora do sistema, relativamente ao SI.

Sistema Internacional de unidades / International System of Units / Système international d'unités / SI

Sistema de unidades, baseado no Sistema Internacional de Grandezas, seus nomes e símbolos, incluindo uma série de prefixos e seus nomes e símbolos, juntamente com as regras para o seu uso, adotado pela Conferência Geral de Pesos e Medidas (CGPM).

NOTAS

1) O SI baseia-se nas sete grandezas de base do ISQ e os nomes e os símbolos das correspondentes unidades de base estão na tabela seguinte:

Grandeza de base	Unidade de base	
Nome	Nome	Nome
comprimento	metro	comprimento
massa	kilograma	massa
tempo	segundo	tempo
corrente elétrica	ampere	corrente elétrica
temperatura termodinâmica	kelvin	temperatura termodinâmica
quantidade de matéria	mol	quantidade de matéria
intensidade luminosa	candela	intensidade luminosa

2) As unidades de base e as unidades derivadas coerentes do SI constituem um conjunto coerente, chamado "conjunto de unidades SI coerentes".

3) Para uma descrição completa e explicações do Sistema Internacional de Unidades, ver a corrente edição da brochura SI publicada pelo Bureau International des Poids et Mesures (BIPM) e disponível na página da Internet do BIPM.

4) No cálculo das grandezas, a grandeza "número de entidades é frequentemente considerada uma grandeza de base, com a unidade de base um, símbolo 1.

5) Os prefixos SI para os múltiplos das unidades e submúltiplos das unidades são:

Fator	Prefixo	
	Nome	Símbolo
10^{24}	yotta	Y
10^{21}	zetta	Z
10^{18}	exa	E
10^{15}	peta	P
10^{12}	tera	T
10^{9}	giga	G
10^{6}	mega	M
10^{3}	kilo	k
10^{2}	hecto	h
10^{1}	deca	da
10^{-1}	deci	d
10^{-2}	centi	c
10^{-3}	mili	m
10^{-6}	micro	μ
10^{-9}	nano	n
10^{-12}	pico	p
10^{-18}	atto	a
10^{-21}	zepto	z
10^{-24}	yocto	y

múltiplo de uma unidade / multiple of a unit / multiple d'une unité

Unidade de medida obtida pela multiplicação de uma dada unidade de medida por um inteiro superior a um.

Exemplos

a) O kilometro é um múltiplo decimal do metro.

b) A hora é um múltiplo não decimal do segundo.

NOTA

1) Os prefixos SI representam estritamente potências de 10 e não devem ser usados para potências de 2. Por exemplo, 1 kilobit não deve ser usado para representar 1.024 bits (2^{10} bits), mas sim 1 kibibit.

Prefixos para os múltiplos binários:

Fator	Prefixo	
	Nome	**Símbolo**
$(2^{10})^8$	yobi	Yi
$(2^{10})^7$	zebi	Zi
$(2^{10})^6$	exbi	Ei
$(2^{10})^5$	pebi	Pi
$(2^{10})^4$	tebi	Ti
$(2^{10})^3$	gibi	Gi
$(2^{10})^2$	mebi	Mi
$(2^{10})^1$	kibi	Ki

Fonte: IEC 80000 −13

submúltiplo de uma unidade / submultiple of a unit / sous-multiple d'une unité

Unidade de medida obtida pela divisão de uma dada unidade de medida por um inteiro superior a um.

Exemplos

a) O milimetro é um submúltiplo decimal do metro.

b) Para o ângulo plano, o segundo é um submúltiplo não decimal do minuto.

valor de uma grandeza / quantity value ou value of a quantity / valeur d'une grandeur

valor / value / valeur

Conjunto de um número e de uma referência constituindo a expressão quantitativa de uma grandeza.

Exemplos

1) Comprimento de uma dada barra: 5,34 m ou 534 cm

2) Massa de um dado corpo: 0,152 kg ou 152 g

3) Curvatura de um dado arco: $112\ m^{-1}$

4) Temperatura Celsius de uma dada amostra: −5 °C

5) Impedância elétrica de um dado elemento de um circuito a uma dada frequência, em que j é a unidade imaginária: $(7 + 3j)\ \Omega$

6) Índice de refração de uma dada amostra de vidro: 1,32

7) Dureza Rockwell C de uma dada amostra: 43,5 HRC

8) Fração mássica de cádmio numa dada amostra de cobre: $3\ \mu g/kg$ *ou* 3×10^{-9}

9) Molalidade de Pb^{2+} *numa dada amostra de água:* $1,76\ \mu mol/kg$

10) Concentração arbitrária em quantidade de substância de lutropina numa dada amostra de plasma de sangue humano (norma internacional 80/552 da OMS usada como um calibrador): 5,0 UI/L, em que UI significa "Unidade Internacional da OMS".

NOTAS

1) O valor de uma grandeza tanto pode ser, de acordo com o tipo de referência:

– o produto de um número por uma unidade de medida (ver os Exemplos 1, 2, 3, 4, 5, 8 e 9); a unidade um é geralmente omitida para as grandezas adimensionais (ver os Exemplos 6 e 8);

– um número e a referência a um procedimento de medição (ver o Exemplo 7);

– um número e um material de referência (ver o Exemplo 10).

2) O número pode ser complexo (ver o Exemplo 5).

3) O valor de uma grandeza pode ser apresentado em mais de uma forma (ver os Exemplos 1, 2 e 8).

4) No caso de uma grandeza vetorial ou tensorial, cada componente tem um determinado valor.

Exemplo: *Força atuando numa dada partícula, por exemplo, em coordenadas cartesianas:* $(F_x; F_y; F_z) = (-31,5; 43,2; 17,0)$ *N.*

valor numérico de uma grandeza / numerical quantity value ou numerical value of a quantity / valeur numérique d'une grandeur
valor numérico / numerical value / valeur numérique

Número na expressão do valor de uma grandeza, que não o número usado como referência.

NOTAS

1) Para as grandezas adimensionais, a referência é uma unidade de medida que é um número e este número não é considerado parte do valor numérico de uma grandeza.

Exemplo: *Para uma fração molar igual a 3 mmol/mol, o valor numérico da grandeza é 3 e a unidade é mmol/mol. A unidade mmol/mol é numericamente igual a 0,001, mas este número 0,001 não é parte do valor numérico da grandeza, que permanece 3.*

2) Para grandezas que têm uma unidade de medida (isto é, aquelas que não grandezas ordinais), o valor numérico $\{Q\}$ de uma grandeza Q é frequentemente representado $\{Q\} = Q/[Q]$, em que $[Q]$ representa a unidade de medida.

Exemplo: *Para um valor de uma grandeza de 5,7 kg, o valor numérico da grandeza é* $\{m\} = (5,7 \text{ kg})/\text{kg} = 5,7$. *O mesmo valor da grandeza pode ser expresso como 5 700 g, em que, neste caso, o valor numérico da grandeza é* $\{m\} = (5\,700 \text{ g})/\text{g} = 5\,700$.

álgebra das grandezas / quantity calculus / algèbre des grandeurs

Conjunto de regras e operações matemáticas aplicadas às grandezas que não as grandezas ordinais.

NOTAS: Na álgebra das grandezas, as equações das grandezas são preferidas às equações dos valores numéricos porque as equações das grandezas são independentes da escolha das unidades de medida, enquanto as equações dos valores numéricos não são (ver ISO 31-0:1992, subcláusula 2.2.2).

equação das grandezas / quantity equation / équation aux grandeurs

Relação matemática entre grandezas num dado sistema de grandezas, independente das unidades de medida.

Exemplos

a) $Q_1 = \zeta Q_2 Q_3$, *em que* Q_1, Q_2 *e* Q_3 *representam diferentes grandezas e* ζ *é um fator numérico.*

b) $T = (1/2)\ mv^2$, *em que T é a energia cinética e v a velocidade de uma partícula especificada de massa m.*

c) $n = It/F$ *em que n é a quantidade de substância de um composto univalente, I a corrente elétrica, t a duração da eletrólise e F a constante de Faraday.*

equação das unidades / unit equation / équation aux unités

Relação matemática entre as unidades de base, as unidades derivadas coerentes ou outras unidades de medida.

Exemplos

a) Para as grandezas do exemplo 1 anterior (equação das grandezas) $[Q_1] = [Q_2][Q_3]$, *em que [Q1], [Q2] e [Q3] representam, respectivamente, as unidades de medida de Q1, Q2 e Q3, previsto que essas unidades de medida estão em um sistema coerente de unidades.*

b) $J := kg\ m^2/s^2$, *em que J, kg, m e s são os símbolos para o joule, kilograma, metro e segundo respectivamente. (O símbolo ":=" significa "é igual por definição", tal como está estabelecido nas séries de normas ISO 80000 e IEC 80000).*

c) $1\ km/h = (1/3{,}6)\ m/s$.

fator de conversão entre unidades / conversion factor between units / facteur de conversion entre unités

Relação entre duas unidades de medida para grandezas da mesma natureza.

Exemplo: $km/m = 1\,000$ *e, consequentemente,* $1\ km = 1\,000\ m$.

NOTA: As unidades de medida podem pertencer a diferentes sistemas de unidades.

Exemplos

a) $h/s = 3\,600$ *e, consequentemente,* $1\ h = 3\,600\ s$;

b) $(km/h)/(m/s) = (1/3{,}6)$ *e, consequentemente,* $1\ km/h = (1/3{,}6)\ m/s$.

equação dos valores numéricos / numerical value equation ou numerical quantity value equation / équation aux valeurs numériques

Relação matemática entre os valores numéricos, baseada numa dada equação das grandezas e das unidades de medida especificadas.

Exemplo 1: *Para as grandezas do exemplo 1 (equação das unidades),* $\{Q_1\} = \zeta\{Q_2\}\{Q_3\}$, *em que* $\{Q_1\}$, $\{Q_2\}$ *e {Q3} representam, respectivamente, os valores numéricos de* Q_1, Q_2 *e* Q_3, *previsto que elas são expressas em unidades de base ou em unidades derivadas coerentes ou ambas.*

Exemplo 2: *Na equação da energia cinética de uma partícula,* $T = (1/2)\ mv^2$, *se* $m = 2\ kg$ *e* $v = 3\ m/s$, *então* $\{T\} = (1/2) \times 2 \times 3^2$ *é a equação dos valores numéricos que dá o valor numérico 9 para T em joules.*

grandeza ordinal / ordinal quantity / grandeur ordinale ou grandeur repérable

Grandeza definida por um procedimento de medição adotado por convenção, que pode ser classificada com outras grandezas da mesma natureza, segundo a ordem crescente ou decrescente das suas expressões quantitativas, mas para a qual não podem ser estabelecidas relações algébricas entre elas.

Exemplos

a) Dureza Rockwell C.

b) Número de octanas para combustíveis.

c) Magnitude de um sismo na escala de Richter.

d) Nível subjetivo de dor abdominal humana numa escala de zero a cinco.

NOTA: As grandezas ordinais só podem entrar em relações empíricas e não têm unidades de medida nem dimensões. As diferenças e as relações entre grandezas ordinais não têm significado físico.

escala de valores / quantity-value scale / échelle de grandeurs
escala de medição / measurement scale / échelle de mesure

Conjunto ordenado de valores de grandezas de uma dada natureza, utilizado para classificar grandezas dessa natureza em ordem crescente ou decrescente nas suas expressões quantitativas.

Exemplos

a) Escala de temperatura Celsius.

b) Escala de tempo.

c) Escala de dureza C de Rockwell.

Escala ordinal / ordinal quantity-value scale / échelle ordinale
escala ordinal / ordinal value scale / échelle de repérage

Escala de valores para grandezas ordinais.

Exemplos

a) Escala de dureza C de Rockwell.

b) Escala do número de octanas para combustíveis.

NOTA: Uma escala ordinal pode ser estabelecida por medições de acordo com um procedimento de medição.

escala de referência convencional / conventional reference scale / échelle de référence conventionnelle

Escala de valores definida por um acordo oficial.

propriedade nominal / nominal property / propriété qualitative
atributo /---/ attribut

Propriedade de um fenômeno, corpo ou substância a qual não pode ser expressa quantitativamente.

Exemplos

a) Sexo de um ser humano.

b) Cor de uma amostra de tinta.

c) Cor de um spot test em química.

d) Código ISO dos países com duas letras.

e) Sequência de aminoácidos num polipeptídio.

NOTAS

1) Uma propriedade nominal tem um valor que pode ser expresso por palavras, por código alfanumérico ou outro processo.

2) O valor de uma propriedade qualitativa não pode ser confundido com o valor nominal de uma grandeza.

MEDIÇÃO

medição / measurement / mesurage ou mesure

Processo para obter experimentalmente um ou mais valores razoavelmente atribuíveis a uma grandeza.

NOTAS

1) A medição não se aplica a propriedades qualitativas.

2) A medição implica a comparação de grandezas ou contagem de entidades.

3) A medição pressupõe uma descrição da grandeza compatível com o uso pretendido de um resultado da medição, um procedimento de medição e um sistema de medição calibrado, operando de acordo com o procedimento de medição especificado, incluindo as condições de medição.

metrologia / metrology / métrologie

Ciência da medição e suas aplicações.

NOTA: A metrologia compreende todos os aspectos teóricos e práticos da medição, qualquer que seja a incerteza de medição e o domínio de aplicação.

mensurando / measurand / mesurande

Grandeza que se pretende medir.

NOTAS

1) A especificação de um mensurando exige conhecimento da natureza da grandeza, a descrição do estado do fenômeno, corpo ou substância de que a grandeza é uma propriedade, incluindo qualquer componente relevante e as entidades químicas envolvidas.

2) Na 2ª edição do VIM e na IEC 60050-300:2001, o mensurando é definido como a "grandeza particular submetida à medição".

3) A medição, incluindo o sistema de medição e as condições nas quais a medição é efetuada, pode alterar o fenômeno, corpo, ou substância de tal forma que a grandeza sob medição pode diferir do mensurando. Neste caso, é necessária uma correção adequada.

Exemplos

a) A diferença de potencial entre terminais de uma bateria pode diminuir se na medição for usado um voltímetro que tenha uma condutância interna elevada. A diferença de potencial em circuito aberto pode ser calculada sabendo as resistências internas da bateria e do voltímetro.

b) O comprimento de uma barra em equilíbrio com a temperatura ambiente de 23 °C será diferente do comprimento da barra à temperatura especificada de 20 °C, que é o mensurando. Neste caso, é necessária uma correção.

4) Na química, "analito" ou o nome de uma substância ou composto são termos por vezes usados para 'mensurando'. Essa utilização é errônea porque esses termos não se referem a grandezas.

princípio de medição / measurement principle ou principle of measurement / principe de mesure

Fenômeno que serve de base a uma medição.

Exemplos

a) Efeito termoelétrico aplicado à medição de temperatura.

b) Absorção de energia aplicada à medição de concentração em quantidade de substância. .

c) Diminuição da concentração de glucose no sangue de um coelho em jejum, aplicada na medição da concentração de insulina numa preparação.

NOTA: O fenômeno pode ser de natureza física, química ou biológica.

método de medição / measurement method ou method of measurement / méthode de mesure

Descrição genérica de uma organização lógica de operações seguidas numa medição.

NOTA: Os métodos de medição podem ser qualificados de várias maneiras, como:

– Método de medição por substituição;

– Método de medição diferencial;

– Método de medição a zero;

ou

– Método de medição direto;

– Método de medição indireto.

Ver IEC 60050-300:2001.

procedimento de medição / measurement procedure / procédure de mesure ou procédure opératoire

Descrição detalhada de uma medição de acordo com um ou mais princípios de medição e um dado método de medição, baseado num modelo de medição e incluindo todos os cálculos para obter um resultado da medição.

NOTA

1) Um procedimento de medição é geralmente documentado com detalhe suficiente para permitir a um operador executar a medição.

2) Um procedimento de medição pode incluir uma declaração referente a uma incerteza alvo.

3) Um procedimento de medição é por vezes denominado em inglês *standard operating procedure*, abreviadamente SOP. O termo "mode opératoire de mesure" era utilizado na segunda edição do VIM francesa. O termo adotado em português é "procedimento operacional padrão", abreviado como POP.

procedimento de medição de referência / reference measurement procedure / procédure de mesure de référence

Procedimento de medição que fornece resultados de medição adequados ao fim pretendido na avaliação da veracidade dos valores medidos, obtidos por outros procedimentos de medição para grandezas da mesma natureza, na calibração, ou na caracterização de materiais de referência.

procedimento de medição primário / primary reference measurement procedure ou primary reference procedure / procédure de mesure primaire ou procédure opératoire primaire

Procedimento de medição de referência usado para obter um resultado da medição sem relação com um padrão de medição para uma grandeza da mesma natureza.

> ***Exemplo:*** *O volume de água escoado por uma pipeta de 5 ml a 20 °C é medido por pesagem da água escoada da pipeta num béquer, efetuando a diferença entre a massa do béquer com a água e o béquer vazio, corrigindo-se a diferença de massa para a temperatura da água, por intermédio da massa específica (densidade).*

NOTAS

1) O Comitê Consultivo para a Quantidade de Substância - Metrologia em Química (CCQM) usa para esse conceito o termo "método de medição primário".

2) O CCQM (5ª Reunião, 1999) definiu dois conceitos subordinados, denominados "procedimento de medição primário direto" e "procedimento primário de medição de relação".

resultado de medição / measurement result ou result of measurement / résultat de mesure ou résultat d'un mesurage

Conjunto de valores que são atribuídos a um mensurando juntamente com qualquer outra informação relevante disponível.

NOTAS

1) Um resultado de medição geralmente contém 'informação relevante' acerca do conjunto de valores da grandeza, alguns dos quais podem ser mais representativos do mensurando do que outros. Isso pode ser expresso na forma de uma função de densidade de probabilidade (FDP).

2) Um resultado de medição é geralmente expresso como um único valor medido e uma incerteza de medição. Se a incerteza de medição é considerada desprezível para um determinado objetivo, o resultado de medição pode ser expresso por um único valor medido. Em muitos domínios, este é o modo usual de expressar um resultado de medição.

3) Na literatura tradicional e na edição anterior do VIM, o resultado de medição era definido como um valor atribuído a um mensurando obtido por medição, que poderia ser representado por uma indicação, ou um resultado não corrigido, ou um resultado corrigido, conforme o contexto.

valor medido / measured quantity value / valeur mesurée
valor medido de uma grandeza / value of a measured quantity ou measured value / ---

Valor de uma grandeza que representa um resultado de medição.

NOTAS

1) Numa medição que envolva indicações repetidas, cada indicação pode ser usada para obter o correspondente valor medido. Esse conjunto de valores medidos individuais pode ser usado para calcular um valor medido resultante, como uma média ou uma mediana, cuja incerteza de medição associada é geralmente menor.

2) Quando a gama de valores verdadeiros que se consideram representativos do mensurando é pequena comparada com a incerteza de medição, um valor medido pode ser considerado uma estimativa de um valor verdadeiro essencialmente único e é frequentemente uma média ou mediana de valores medidos individuais obtidos em medições repetidas.

3) No caso em que a gama de valores verdadeiros que se consideram representativos do mensurando não é pequena, comparada com a incerteza de medição, um valor medido é frequentemente uma estimativa da média ou mediana do conjunto de valores verdadeiros da grandeza.

4) No GUM, os termos "resultado de medição" e "estimativa do valor do mensurando" ou apenas "estimativa do mensurando" são usados para 'valor medido de uma grandeza'.

valor verdadeiro / true quantity value / valeur vraie

valor verdadeiro de uma grandeza / true value of a quantity ou true value / valeur vraie d'une grandeur

Valor de uma grandeza consistente com a definição da grandeza.

NOTAS

1) Na abordagem de "erro", da descrição de uma medição, o valor verdadeiro é considerado único e, na prática, desconhecido. A abordagem de "incerteza" consiste no reconhecimento de que, devido à quantidade intrinsecamente incompleta de detalhes na definição de uma grandeza, não há um valor verdadeiro único, mas antes um conjunto de valores verdadeiros consistentes com a definição. De qualquer modo, esse conjunto de valores é em princípio e na prática impossível de conhecer. Outras abordagens dispensam completamente o conceito de valor verdadeiro e avaliam a validade dos resultados de medição por meio do conceito de compatibilidade metrológica.

2) No caso especial das constantes fundamentais, considera-se que a grandeza tem um único valor verdadeiro.

3) Quando a incerteza definicional associada a um mensurando é considerada desprezível em relação a outras componentes da incerteza de medição, pode considerar-se que o mensurando tem um valor verdadeiro "essencialmente único". Esta é a abordagem adotada pelo GUM e documentos associados em que a palavra "verdadeiro" é considerada redundante.

valor convencional / conventional quantity value / valeur conventionnelle

valor convencional de uma grandeza / conventional value of a quantity ou conventional value / valeur conventionnelle d'une grandeur

Valor de uma grandeza atribuído por um acordo para um dado fim.

Exemplos

a) Valor convencional da aceleração da gravidade (ou "aceleração devido à gravidade") $g_n = 9{,}806\ 65\ m \cdot s^{-2}$

b) Valor convencional da constante de Josephson $K_{J\text{-}90} = 483\ 597{,}9\ GHz \cdot V^{-1}$

c) Valor convencional de uma dada massa padrão $m = 100{,}003\ 47\ g$

NOTAS

1) O termo "valor verdadeiro convencional" é usado por vezes para este conceito, mas o seu uso é desencorajado.

2) Por vezes, um valor convencional é uma estimativa de um valor verdadeiro.

3) Um valor convencional é geralmente considerado associado a uma pequena incerteza de medição que pode ser nula.

exatidão / measurement accuracy / exactitude de mesure
exatidão de medição / accuracy of measurement ou accuracy / exactitude

Aproximação entre um valor medido e um valor verdadeiro de um mensurando.

NOTAS

1) O conceito "exatidão de medição" não designa uma grandeza e não lhe é atribuído um valor numérico. Uma medição é dita mais exata quando tem menor erro de medição.

2) O termo "exatidão de medição" não deve ser usado para veracidade de medição e o termo "precisão de medição" não deve ser usado para "exatidão de medição", embora esteja relacionado com ambos estes conceitos.

3) A exatidão de medição é por vezes entendida como o grau de concordância entre os valores medidos que são atribuídos ao mensurando.

veracidade de medição / measurement trueness / justesse de mesure
veracidade / trueness of measurement ou trueness / justesse

Aproximação entre a média de um número infinito de valores medidos repetidos e um valor de referência.

NOTAS

1) A veracidade de medição não é uma grandeza e, portanto, não pode ser expressa numericamente, mas na ISO 5725 apresenta medidas para o grau de concordância.

2) A veracidade de medição está inversamente relacionada com o erro sistemático de medição, mas não está relacionada com o erro aleatório de medição.

3) A "exatidão de medição" não pode confundir-se com a "veracidade de medição".

precisão de medição / measurement precision / fidélité de mesure
precisão / precision / fidélité

Aproximação entre indicações ou valores medidos obtidos por medições repetidas no mesmo objeto ou objetos semelhantes em condições especificadas.

NOTAS

1) A precisão de medição é geralmente expressa na forma numérica por meio de medidas de dispersão, tais como o desvio padrão, a variância ou o coeficiente de variação, nas condições de medição especificadas.

2) As 'condições especificadas' podem ser, por exemplo, condições de repetibilidade, de precisão intermediária ou de reprodutibilidade (ver ISO 5725-1:1994).

3) A precisão de medição é utilizada para definir a repetibilidade de medição, a precisão intermediária de medição e a reprodutibilidade de medição.

4) O termo "precisão de medição" é algumas vezes utilizado, erroneamente, para designar a exatidão de medição.

erro de medição / measurement error / erreur de mesure
erro / error of measurement ou error / erreur

Diferença entre o valor medido de uma grandeza e um valor de referência.

NOTAS

1) O conceito de erro de medição tanto pode ser usado:

a) quando há um valor de referência único, o que ocorre se uma calibração é efetuada por meio de um padrão de medição com um valor medido cuja incerteza de medição é desprezível, ou se é dado um valor convencional, caso em que o erro é conhecido, ou é:

b) se o mensurando é supostamente representado por um único valor verdadeiro ou um conjunto de valores verdadeiros de amplitude desprezível, caso em que o erro é desconhecido.

2) O erro de medição não deve confundir-se com um erro de produção ou um erro humano.

erro sistemático / systematic measurement error ou systematic error of measurement ou systematic error / erreur systématique

Componente do erro de medição que em medições repetidas permanece constante ou varia de uma forma previsível.

NOTAS

1) O valor de referência para um erro sistemático é um valor verdadeiro, ou um valor medido de um padrão de incerteza de medição desprezível, ou um valor convencional.

2) O erro sistemático e as suas causas podem ser conhecidos ou desconhecidos. Pode-se aplicar uma correção para compensar um erro sistemático conhecido.

3) O erro sistemático é igual ao erro de medição menos o erro aleatório.

tendência / measurement bias ou bias / biais de mesure
tendência / bias / biais ou erreur de justesse

Estimativa de um erro sistemático.

erro aleatório / random measurement error ou random error of measurement ou random error / erreur aléatoire

Componente do erro de medição que em medições repetidas varia de forma imprevisível.

NOTAS

1) O valor de referência para um erro aleatório é a média que resultaria de um número infinito de medições repetidas do mesmo mensurando.

2) Os erros aleatórios de um conjunto de medições repetidas formam uma distribuição que pode ser sumarizada pela esperança matemática, geralmente assumida como nula, e por sua variância.

3) O erro aleatório é igual ao erro de medição menos o erro sistemático.

condição de repetibilidade de medição / repeatability condition of measurement ou repeatability condition / condition de répétabilité

Condição de medição num conjunto de condições, que inclui o mesmo procedimento de medição, os mesmos operadores, o mesmo sistema de medição, as mesmas condições de operação e a mesma localização, e medições repetidas no mesmo objeto ou objetos similares, num curto intervalo de tempo.

NOTAS

1) Uma condição de medição é uma condição de repetibilidade apenas com respeito a um conjunto especificado de condições de repetibilidade.

2) Na química, usa-se por vezes o termo "condição de precisão intrasserial" para designar este conceito.

repetibilidade de medição / measurement repeatability / répétabilité de mesure
repetibilidade
/ repeatability / répétabilité

Precisão de medição sob um conjunto de condições de repetibilidade.

condição de precisão intermediária / intermediate precision condition of measurement ou intermediate precision condition / condition de fidélité intermédiaire

Condição de medição, num conjunto de condições que inclui o mesmo procedimento de medição, o mesmo local e medições repetidas no mesmo objeto ou objetos similares, durante um intervalo de tempo extenso, mas que pode incluir outras condições envolvendo mudanças.

NOTAS

1) As condições que se fazem variar podem abranger novas calibrações, os padrões, os operadores e os sistemas de medição.

2) A especificação das condições deve referir, na medida do possível, as que se fazem variar e as que ficam inalteradas.

3) Na química, o termo "condição de precisão interserial" é por vezes usado para designar este conceito.

precisão intermediária de medição / intermediate measurement precision / fidélité intermédiaire de mesure
precisão intermediária / intermediate precision / fidélité intermédiaire

Precisão de medição para um conjunto de condições de precisão intermediária.

NOTA: Na ISO 5725-3:1994, são dados de termos estatísticos relevantes.

condição de reprodutibilidade de medição / reproducibility condition of measurement ou reproducibility condition / condition de reproductibilité

Condição de medição num conjunto de condições, que inclui os diferentes locais, operadores e sistemas de medição e medições repetidas no mesmo objeto ou objetos similares.

NOTAS

1) Os diferentes sistemas de medição podem usar diferentes procedimentos de medição.

2) A especificação das condições deve referir, na medida do possível, as que se fazem variar e as que ficam inalteradas.

reprodutibilidade de medição / measurement reproducibility / reproductibilité de mesure
reprodutibilidade / reproducibility / reproductibilité

Precisão de medição para um conjunto de condições de reprodutibilidade.

NOTA: Nas ISO 5725-1:1994 e ISO 5725-2:1994, são dados os termos estatísticos relevantes.

incerteza de medição / measurement uncertainty / incertitude de mesure
incerteza / uncertainty of measurement ou uncertainty / incertitude

Parâmetro não negativo que caracteriza a dispersão dos valores da grandeza que são atribuídos a um mensurando a partir das informações usadas.

NOTAS

1) A incerteza de medição inclui componentes provenientes de efeitos sistemáticos, tais como componentes associadas a correções e valores atribuídos a padrões, bem como a incerteza definicional. Por vezes, os efeitos sistemáticos conhecidos não são corrigidos, mas incorporados como componentes da incerteza.

2) O parâmetro pode ser, por exemplo, um desvio padrão, denominado incerteza padrão (ou um múltiplo dele), ou a metade da largura de um intervalo, para uma probabilidade de abrangência determinada.

3) A incerteza de medição compreende em geral muitas componentes. Algumas delas podem ser estimadas por uma avaliação de tipo A da incerteza de medição a partir da distribuição estatística dos valores da grandeza em séries de medições e podem ser caracterizadas por desvios padrão. Outras, que podem ser estimadas por uma avaliação de tipo B da incerteza de medição, podem também ser caracterizadas por desvios padrão, avaliados através de funções de densidade de probabilidade baseados na experiência ou outras informações.

4) Em geral, para um dado conjunto de informações, subentende-se que a incerteza de medição está associada a um determinado valor atribuído ao mensurando. Uma modificação desse valor implica uma modificação de incerteza associada.

incerteza definicional / definitional uncertainty / incertitude définitionnelle

Componente da incerteza de medição resultante da quantidade finita de detalhes na definição do mensurando.

NOTAS

1) A incerteza definicional é a incerteza de medição mínima possível que se pode obter, na prática, em qualquer medição de um dado mensurando.

2) Qualquer alteração na informação descritiva implica outra incerteza definicional.

3) No Guia ISO/IEC 98-3:2008, D.3.4 e na IEC 60359 o conceito "incerteza definicional" é denominado "incerteza intrínseca".

avaliação do tipo A da incerteza de medição / Type A evaluation of measurement uncertainty / évaluation de type A de l'incertitude
avaliação de tipo A / Type A evaluation / évaluation de type A

Avaliação de uma componente da incerteza de medição por meio de análise estatística dos valores medidos obtidos em condições de medição especificadas

NOTAS

1) Para vários tipos de condições de medição, ver condição de repetibilidade, condição de precisão intermediária e condição de reprodutibilidade.

2) Para informações sobre análise estatística, ver, por exemplo, o Guia ISO/IEC 98-3:2008.

3) Ver também o Guia ISO/IEC 98-3:2008, 2.3.2, a ISO 5725, a ISO 13528, a ISO/TS 21748 e a ISO 21749.

avaliação do tipo B da incerteza de medição / Type B evaluation of measurement uncertainty / évaluation de type B de l'incertitude
avaliação de tipo B / Type B evaluation / évaluation de type B

Avaliação de uma componente da incerteza de medição por outro processo que não a avaliação do tipo A da incerteza de medição.

Exemplo: *Avaliação baseada em informação*

- *associada a valores da grandeza, referidos em publicações competentes;*
- *associada ao valor de um material de referência certificado;*
- *obtida de um certificado de calibração;*
- *relacionada com a deriva;*
- *obtida a partir da classe de exatidão de um instrumento de medição verificado;*
- *obtida a partir de limites deduzidos da experiência pessoal.*

NOTA: Ver também o Guia ISO/IEC 98-3:2008, 2.3.3.

incerteza padrão de medição / standard measurement uncertainty / incertitude-type
incerteza padrão / standard uncertainty of measurement ou standard uncertainty / ---

Incerteza de medição expressa sob a forma de um desvio padrão.

incerteza padrão combinada / combined standard measurement uncertainty / incertitudetype composée
incerteza padrão combinada de medição / combined standard uncertainty / ---

Incerteza padrão que é obtida a partir das incertezas padrão individuais associadas às grandezas de entrada num modelo de medição.

NOTA: No caso de existirem correlações entre as grandezas de entrada num modelo de medição, devem ser levadas em conta as covariâncias no cálculo da incerteza padrão combinada. Ver também o Guia GUM:1995, 2.3.4.

incerteza padrão relativa / relative standard measurement uncertainty / incertitude-type relative

Incerteza padrão dividida pelo valor absoluto do valor medido da grandeza.

balanço de incerteza / uncertainty budget / bilan d'incertitude

Formulação de uma incerteza de medição e das componentes dessa incerteza, bem como do seu cálculo e da sua combinação.

NOTA: Um balanço de incerteza deve incluir o modelo da medição, as estimativas e as incertezas de medição associadas às grandezas no modelo da medição, as covariâncias, o tipo de funções de densidade de probabilidade usadas, os graus de liberdade, o tipo de avaliação de incerteza de medição e o fator de abrangência.

incerteza alvo / target measurement uncertainty / incertitude cible
incerteza alvo de medição / target uncertainty / incertitude anticipée

Incerteza de medição especificada como um limite superior e escolhida com base no uso pretendido para os resultados de medição.

incerteza expandida de medição / expanded measurement uncertainty / incertitude élargie
incerteza expandida / expanded uncertainty

Produto da incerteza padrão combinada por um fator superior a um.

NOTAS

1) O fator depende do tipo de distribuição de probabilidade da grandeza de saída no modelo da medição e da probabilidade de abrangência escolhida.

2) O termo "fator" nesta definição refere-se ao fator de abrangência.

3) A incerteza de medição expandida é denominada "incerteza global" no parágrafo 5 da Recomendação INC-1 (1980) (ver o GUM) e simplesmente "incerteza" nos documentos da IEC.

intervalo de abrangência / coverage interval / intervalle élargi

Intervalo contendo o conjunto dos valores verdadeiros de um mensurando com uma dada probabilidade, baseada na informação disponível.

NOTAS

1) Um intervalo de abrangência não é necessariamente centrado no valor medido. Ver o Guia ISO/IEC 98-3:2008 - Suplemento 1.

2) Um intervalo de abrangência não deve ser designado "intervalo de confiança" para evitar a confusão com o conceito estatístico (ver GUM:1995, 6.2.2).

3) Um intervalo de abrangência pode ser derivado da incerteza de medição expandida (ver GUM:1995, 2.3.5).

probabilidade de abrangência / coverage probability / probabilité de couverture

Probabilidade de o conjunto de valores verdadeiros do mensurando estar contido no intervalo de abrangência especificado.

NOTAS

1) Esta definição pertence à abordagem de "incerteza" tal como apresentada no GUM.

2) A probabilidade de abrangência é também chamada de "nível da confiança" no GUM.

fator de abrangência / coverage factor / facteur d'élargissement

Número superior a um pelo qual a incerteza padrão combinada é multiplicada para se obter uma incerteza de medição expandida.

NOTA: O fator de abrangência é usualmente simbolizado por k (ver também GUM:1995, 2.3.6).

calibração / calibration / étalonnage

Operação que, em condições especificadas, num primeiro passo, estabelece a relação entre os valores da grandeza com incertezas de medição provenientes de padrões e as indicações correspondentes com incertezas de medição associadas e, num segundo passo, usa essa informação para estabelecer uma relação para obter o resultado de medição a partir de uma indicação.

NOTAS

1) Uma calibração pode ser expressa sob a forma de um enunciado, uma função de calibração, um diagrama de calibração, uma curva de calibração, ou uma tabela de calibração. Em alguns casos, pode consistir numa correção aditiva ou multiplicativa da indicação com uma incerteza de medição associada.

2) A calibração não deve ser confundida com o ajuste de um sistema de medição, muitas vezes denominado erradamente "autocalibração", nem com a verificação da calibração.

3) Frequentemente, o primeiro passo da definição é tomado como sendo a calibração.

hierarquia de calibração / calibration hierarchy / hiérarchie d'étalonnage

Sequência de calibrações desde uma referência até o sistema de medição final, em que o resultado de cada calibração depende da calibração prévia.

NOTAS

1) A incerteza de medição aumenta necessariamente ao longo da sequência de calibrações.

2) Os elementos de uma hierarquia de calibração são um ou mais padrões e sistemas de medição, operados de acordo com procedimentos de medição.

3) Para esta definição, a "referência" pode ser a definição de uma unidade de medida através da sua realização prática, um procedimento de medição ou um padrão.

4) Uma comparação entre dois padrões pode ser vista como uma calibração se a comparação for usada para verificar e, se necessário, corrigir o valor da grandeza e a incerteza de medição atribuídos a um dos padrões.

rastreabilidade metrológica / metrological traceability / traçabilité métrologique

Propriedade de um resultado de medição pela qual o resultado pode ser relacionado a uma referência por intermédio de uma cadeia ininterrupta e documentada de calibrações, cada uma contribuindo para a incerteza de medição.

NOTAS

1) Para esta definição, uma "referência" pode ser a definição de uma unidade de medida através da sua realização prática, ou um procedimento de medição, incluindo a unidade de medida para uma grandeza não ordinal, ou um padrão.

2) A rastreabilidade metrológica exige o estabelecimento de uma hierarquia de calibração.

3) A especificação da referência deve referir a data em que ela foi usada no estabelecimento da hierarquia de calibração, bem como qualquer outra informação metrológica relevante acerca da referência, por exemplo, quando foi realizada a primeira calibração da hierarquia de calibração.

4) Para medições com mais do que uma grandeza de entrada no modelo de medição, cada um dos valores das grandezas de entrada deve ser rastreado e a hierarquia de calibração pode formar uma estrutura ramificada ou uma rede. O esforço envolvido no estabelecimento da rastreabilidade metrológica para cada um dos valores das grandezas de entrada deve ser proporcional à sua contribuição relativa para o resultado da medição.

5) A rastreabilidade metrológica de um resultado da medição não assegura por si só que a incerteza de medição seja adequada para um determinado fim, nem a ausência de erros humanos.

6) Uma comparação entre dois padrões pode ser vista como uma calibração se a comparação for usada para verificar e, se necessário, corrigir o valor da grandeza e a incerteza atribuídos a um dos padrões.

7) O ILAC considera que os elementos necessários para confirmar a rastreabilidade metrológica são uma ininterrupta cadeia de rastreabilidade metrológica a um padrão internacional ou a um padrão nacional, uma incerteza de medição documentada, um procedimento de medição documentado, a competência técnica acreditada, a rastreabilidade metrológica ao SI e os intervalos de calibração (ver ILAC P-10, 2002).

8) O termo abreviado "rastreabilidade" é por vezes usado para designar a rastreabilidade metrológica, assim como de outros conceitos como a "rastreabilidade da amostra" ou de um documento ou de um instrumento ou de um material, significando a história ("rastro") de uma entidade. Sempre que exista a possibilidade de confusão deve usar-se o termo completo "rastreabilidade metrológica".

cadeia de rastreabilidade metrológica / metrological traceability chain / chaîne de traçabilité métrologique
cadeia de rastreabilidade / traceability chain / chaîne de traçabilité

Sequência de padrões e calibrações que é usada para relacionar um resultado de medição a uma referência.

NOTAS

1) Uma cadeia de rastreabilidade metrológica é definida por uma hierarquia de calibração.

2) Uma cadeia de rastreabilidade metrológica é usada para estabelecer a rastreabilidade metrológica de um resultado de medição.

3) Uma comparação entre dois padrões pode ser vista como uma calibração se a comparação for usada para verificar e, se necessário, corrigir o valor da grandeza e a incerteza de medição atribuídos a um dos padrões.

rastreabilidade metrológica a uma unidade de medida / metrological traceability to a measurement unit / traçabilité métrologique à une unité de mesure
rastreabilidade metrológica a uma unidade / metrological traceability to a unit / traçabilité métrologique à une unité

Rastreabilidade metrológica em que a referência é a definição da unidade de medida através da sua realização prática.

NOTA: A expressão "rastreabilidade ao SI" significa rastreabilidade metrológica a uma unidade de medida do Sistema Internacional de Unidades.

verificação / verification / vérification

Obtenção de evidência objetiva de que uma dada entidade satisfaz requisitos especificados.

Exemplos

a) Confirmação de que um dado material de referência, tal como indicado, é homogêneo para o valor da grandeza e para o procedimento de medição respectivos, para porções de 10 mg de massa do material sob medição.

b) Confirmação de que as propriedades metrológicas requeridas ou legalmente exigíveis são satisfeitas por um sistema de medição.

c) Confirmação de que uma incerteza alvo pode ser atingida.

NOTAS

1) Quando aplicável, deve ser tomada em consideração a incerteza de medição.

2) A entidade pode ser, por exemplo, um processo, um procedimento de medição, um material, um composto ou um sistema de medição.

3) Os requisitos especificados podem ser, por exemplo, as especificações de um fabricante.

4) A verificação na metrologia legal, tal como definido no VIML, e na avaliação da conformidade, em geral, consiste no exame e na marcação ou emissão de um certificado de verificação de um sistema de medição.

5) A verificação não deve confundir-se com calibração. Nem toda a verificação é uma validação.

6) Na química, a verificação da identidade da entidade envolvida, ou da atividade, requer uma descrição da estrutura ou das propriedades dessa entidade ou atividade.

validação / validation / validation

Verificação de que os requisitos especificados são adequados para determinado uso.

Exemplo: *Um procedimento de medição, habitualmente utilizado para a medição da concentração da massa de nitrogênio em água, pode também ser validado para medição da concentração de massa de nitrogênio no soro humano.*

comparabilidade metrológica de resultados de medição / metrological comparability of measurement results / comparabilité métrologique

comparabilidade metrológica / metrological comparability

Comparabilidade de resultados de medição, para grandezas de uma dada natureza, que são rastreáveis metrologicamente a uma mesma referência.

Exemplo: *Os resultados da medição, por exemplo, de distâncias entre a Terra e a Lua, e entre Paris e Londres, são metrologicamente comparáveis quando ambos estão rastreados à mesma unidade de medida, por exemplo, o metro.*

NOTAS

1) Ver Nota 1 de rastreabilidade metrológica.

2) A comparabilidade metrológica de resultados de medição não necessita que os valores medidos e as incertezas de medição associadas, comparados entre si, sejam da mesma ordem de grandeza.

compatibilidade metrológica / metrological compatibility of measurement results / compatibilité de mesure

Compatibilidade metrológica (de resultados da medição) / metrological compatibility / compatibilité métrologique

Propriedade de um conjunto de resultados de medição para um mensurando especificado, em que o valor absoluto da diferença em qualquer par de valores medidos é menor que um qualquer múltiplo escolhido da incerteza padrão dessa diferença.

NOTAS

1) A compatibilidade metrológica de resultados de medição substitui o conceito tradicional de 'estar dentro do erro', já que representa o critério para decidir se dois resultados de medição se referem ou não ao mesmo mensurando. Se, num conjunto de medições de um mensurando supostamente constante, um resultado de medição não é compatível com os demais, ou a medição não foi correta (por exemplo, se a sua incerteza de medição avaliada é muito pequena) ou a grandeza medida se alterou entre medições.

2) A correlação entre medições influencia a compatibilidade metrológica. Se as medições são inteiramente não correlacionadas, a incerteza padrão da sua diferença é igual à raiz quadrada da soma quadrática das incertezas padrão, sendo menor para covariância positiva e maior para covariância negativa.

modelo de medição / measurement model ou model of measurement ou model / modele de mesure ou modele

Relação matemática entre todas as grandezas envolvidas na medição.

NOTAS

1) Uma forma geral do modelo de medição é a equação $h(Y, X1, ..., Xn) = 0$, em que Y, a grandeza de saída no modelo de medição, é o mensurando que precisa ser deduzido da informação das grandezas de entrada no modelo de medição $X1, ..., Xn$.

2) Em casos mais complexos com duas ou mais grandezas de saída, o modelo de medição consiste em mais do que uma equação.

função de medição / measurement function / fonction de mesure

Função das grandezas, cujo valor, quando calculado utilizando valores conhecidos das grandezas de entrada no modelo de medição, é um valor medido da grandeza de saída no modelo de medição.

NOTAS

1) Se um modelo de medição $h(Y, X1, ..., Xn) = 0$ pode explicitamente ser expresso sob a forma $Y = f(X1, ..., Xn)$, em que Y é a grandeza de saída no modelo de medição, a função f é a função de medição. Mais genericamente, f pode simbolizar um algoritmo, que fornece um valor de saída único $y = f(x1, ..., xn)$ para valores de entrada $x1, ..., xn$.

2) A função de medição é também usada para calcular a incerteza de medição associada ao valor medido da grandeza Y.

grandeza de entrada num modelo de medição / input quantity in a measurement model / grandeur d'entrée dans un modèle de mesure
grandeza de entrada / input quantity / grandeur d'entrée

Grandeza que deve ser medida, ou grandeza cujo valor pode ser obtido para calcular um valor medido de um mensurando.

> ***Exemplo:*** *Quando o comprimento de uma barra haste de aço a uma temperatura especificada é o mensurando, a temperatura real, o comprimento na temperatura real e o coeficiente de expansão linear da barra haste são as grandezas de entrada no modelo de medição.*

NOTAS

1) Uma grandeza de entrada num modelo de medição é frequentemente uma grandeza de saída de um sistema de medição.

2) As indicações, correções e grandezas de influência podem ser grandezas de entrada num modelo de medição.

grandeza de saída num modelo de medição / output quantity in a measurement model / grandeur de sortie dans un modèle de mesure
grandeza de saída / output quantity / grandeur de sortie

Grandeza cujo valor medido é calculado usando os valores das grandezas de entrada em um modelo de medição.

grandeza de influência / influence quantity / grandeur d'influence

Grandeza que, numa medição direta, não afeta a grandeza medida, mas afeta a relação entre a indicação e o resultado da medição.

Exemplos

a) Frequência na medição direta da amplitude constante de uma corrente alternada com um amperímetro.

b) Concentração de quantidade de substância de bilirrubina numa medição direta da concentração de quantidade de substância de hemoglobina no plasma sanguíneo humano.

c) Temperatura de um micrômetro usado na medição do comprimento de uma haste, mas não a temperatura da própria haste que pode entrar na definição do mensurando.

d) Pressão ambiente na fonte de íons de um espectrômetro de massa durante uma medição de uma fração molar.

NOTAS

1) Uma medição indireta envolve a combinação de medições diretas, cada uma das quais pode ser afetada por grandezas de influência.

2) No GUM, o conceito "grandeza de influência" é definido como na 2ª edição do VIM, abrangendo não só as grandezas que afetam o sistema de medição, como na definição anterior, mas também as grandezas que afetam a grandeza a medir. No GUM este conceito também não é limitado a medições diretas.

correção / correction / correction

Compensação de um efeito sistemático estimado.

NOTAS

1) Ver no GUM:1995, 3.2.3 a explicação do conceito de "efeito sistemático".

2) A compensação pode assumir diferentes formas, tais como a soma de um valor ou a multiplicação por um fator, ou deduzida de uma tabela.

DISPOSITIVOS DE MEDIÇÃO

instrumento de medição / measuring instrument / instrument de mesure ou appareil de mesure

Dispositivo usado para realizar medições, isolado ou em conjunto com um ou mais dispositivos suplementares.

NOTAS

1) Um instrumento de medição que pode ser usado de maneira única é um sistema de medição.

2) Um instrumento de medição pode ser um instrumento de medição indicador ou uma medida materializada.

sistema de medição / measuring system / système de mesure

Conjunto de um ou mais instrumentos de medição e, frequentemente, outros dispositivos, incluindo, se necessário, reagentes ou insumos, associados e adaptados para fornecer informação destinada a obter valores medidos dentro de intervalos especificados para grandezas de naturezas determinadas.

NOTA: Um sistema de medição pode consistir num único instrumento de medição.

instrumento de medição indicador / indicating measuring instrument / appareil de mesure indicateur ou appareil indicateur

Instrumento de medição que fornece um sinal de saída contendo informação acerca do valor da grandeza medida.

Exemplo: *voltímetro, micrômetro, termômetro, balança eletrônica.*

NOTAS

1) Um instrumento de medição indicador pode fornecer a indicação em forma de registro.

2) O sinal de saída pode ser visual ou acústico. Pode também ser transmitido a um ou mais dispositivos.

instrumento de medição mostrador / displaying measuring instrument / appareil de mesure afficheur ou appareil afficheur

Instrumento de medição indicador em que o sinal de saída é apresentado na forma visual.

escala de um instrumento de medição mostrador / scale of a displaying measuring instrument / échelle d'un appareil de mesure afficheur
escala / --- / échelle

Parte de um instrumento de medição mostrador, que consiste num conjunto ordenado de marcas associadas eventualmente a números ou valores de grandezas.

medida materializada / material measure / mesure matérialisée

Instrumento de medição que reproduz ou fornece, de uma forma permanente durante o seu uso, grandezas de uma ou mais naturezas, cada uma com um valor atribuído.

Exemplo: *Peso padrão, medida de capacidade (fornecendo um ou vários valores, com ou sem escala de valores), resistor padrão elétrico, escala (régua) graduada, bloco padrão, gerador padrão de sinais, material de referência certificado.*

NOTAS

1) A indicação de uma medida materializada é o seu valor atribuído.

2) Uma medida materializada pode ser um padrão.

transdutor de medição / measuring transducer / transducteur de mesure

Dispositivo, usado na medição, que faz corresponder a uma grandeza de entrada uma grandeza de saída segundo uma lei determinada.

Exemplo: *termopar, transformador de corrente elétrica, extensômetro, eletrodo de pH, tubo de Bourdon, bimetal.*

sensor / sensor / capteur

Elemento de um sistema de medição que é diretamente afetado por um fenômeno, corpo ou substância que contém a grandeza a medir.

Exemplo: *bobina sensível de um termômetro de resistência de platina, rotor de um medidor de vazão de turbina, tubo de Bourdon de um manômetro, boia de um instrumento de medição de nível, fotocélula de um espectrômetro, cristal líquido termotrópico que muda de cor em função da temperatura.*

NOTA: Em algumas áreas, o termo "detector" é usado para este conceito.

detector / detector / détecteur

Dispositivo ou substância que indica a presença de um fenômeno, corpo ou substância quando um valor limiar da grandeza associada é excedido.

Exemplo: *detector de fuga a halogêneo, papel de tornassol.*

NOTAS

1) Em algumas áreas, o termo "detector" é usado para o conceito de sensor.

2) Na química, o termo "indicador" é frequentemente usado para este conceito.

cadeia de medição / measuring chain / chaîne de mesure

Série de elementos de um sistema de medição que constitui um único caminho do sinal desde o sensor até o elemento de saída.

Exemplos

a) Cadeia de medição eletroacústica que compreende um microfone, um atenuador, um filtro, um amplificador e um voltímetro.

b) Cadeia de medição mecânica que compreende um tubo de Bourdon, um sistema de alavancas, duas engrenagens e um mostrador mecânico.

ajuste de um sistema de medição / adjustment of a measuring system / ajustage d'um système de mesure

ajuste / adjustment / ajustage

Conjunto de operações realizadas num sistema de medição para que ele forneça as indicações prescritas correspondentes aos valores dados da grandeza a medir.

NOTAS

1) Diversos tipos de ajuste de um sistema de medição incluem o ajuste de zero, o ajuste de defasagem ("offset") e o ajuste de amplitude (às vezes chamado ajuste de ganho).

2) O ajuste de um sistema de medição não deve confundir-se com a sua calibração, a qual é um requisito prévio ao ajuste.

3) Depois do ajuste de um sistema de medição, este deve ser geralmente recalibrado.

ajuste de zero / zero adjustment of a measuring system ou zero adjustment / réglage de zero

Ajuste de um sistema de medição para que o sistema forneça a indicação zero, para um valor zero da grandeza a medir.

PROPRIEDADES DOS DISPOSITIVOS DE MEDIÇÃO

indicação / indication / indication

Valor de uma grandeza fornecido por um instrumento de medição ou um sistema de medição.

NOTAS

1) A indicação pode ser apresentada na forma visual ou acústica ou pode ser transferida para outro dispositivo. A indicação é dada frequentemente pela posição de um ponteiro num mostrador em saída analógica, por um número apresentado em um mostrador ou

impresso para saídas digitais, por um padrão de códigos em saídas codificadas, ou por um valor atribuído a medidas materializadas.

2) A indicação e o valor da grandeza medida correspondente não são necessariamente valores de grandezas da mesma natureza.

indicação do branco / blank indication / indication du blanc
indicação de fundo / background indication / indication d'environnement

Indicação obtida de um fenômeno, corpo ou substância, semelhante ao fenômeno, corpo ou substância em estudo, mas cuja grandeza em causa supostamente não está presente ou não contribui para a indicação.

intervalo de indicação / indication interval / intervalle des indications

Conjunto de valores compreendidos entre os valores extremos das indicações.

NOTAS

1) Um intervalo de indicação é usualmente expresso em termos do menor e do maior valor, por exemplo, "99 V a 201 V".

2) Em algumas áreas, o termo inglês usado é "range of indications" e o termo francês é "étendue des indications" (faixa de indicações).

intervalo nominal de indicação / nominal indication interval / intervalle nominal dês indications
intervalo nominal / nominal interval / intervalle nominal ou calibre

Conjunto de valores, compreendidos entre as indicações extremas arredondadas ou aproximadas, que se obtém para uma dada posição dos comandos de um instrumento de medição ou sistema de medição e que serve para designar essa posição.

NOTAS

1) Um intervalo nominal de indicação é usualmente expresso pelos valores menor e maior, por exemplo, "100 V a 200 V".

2) Em algumas áreas, o termo inglês é "nominal range" (faixa nominal).

amplitude de medição / range of a nominal indication interval / étendue de mesure
amplitude nominal / --- / étendue nominale

Valor absoluto da diferença entre valores extremos do intervalo nominal de indicação.

> ***Exemplo:*** *Para um intervalo nominal de –10 V a +10 V, a amplitude de medição é 20 V.*

NOTA: Em inglês, a amplitude de medição é por vezes denominada "span of a nominal interval".

valor nominal / nominal quantity value ou nominal value / valeur nominale

Valor arredondado ou aproximado de uma grandeza que caracteriza um instrumento de medição ou um sistema de medição que serve de guia para a sua utilização.

> ***Exemplos***
>
> *a) O valor 100 Ω marcado num resistor padrão.*
>
> *b) O valor 1 000 ml marcado num balão volumétrico com um traço.*

c) O valor 0,1 mol/l da concentração de quantidade de substância de uma solução de ácido clorídrico, HCl.

d) O valor –20 °C como o valor máximo de uma temperatura Celsius de armazenagem.

intervalo de medição / measuring interval ou working interval / intervalle de mesure

Conjunto de valores de grandezas da mesma natureza que podem ser medidas por um dado instrumento de medição ou sistema de medição com uma dada incerteza de medição instrumental, em condições especificadas.

NOTAS

1) Os termos ingleses são "measuring range" e "measurement range".

2) O limite inferior de um intervalo de medição não deve confundir-se com o limite de detecção.

condição de regime permanente / steady-state operating condition / condition de regime établi ou condition de régime permanent

Condição de funcionamento de um instrumento de medição ou sistema de medição na qual a relação estabelecida pela calibração permanece válida até mesmo para um mensurando que varia com o tempo.

condição estipulada de funcionamento / rated operating condition / condition assignée de fonctionnement

Condição de funcionamento que deve ser satisfeita durante a medição para que um instrumento de medição ou sistema de medição funcione em conformidade com o projetado.

NOTA: As condições estipuladas de funcionamento geralmente especificam os intervalos dos valores das grandezas a medir e das grandezas de influência.

condição limite de funcionamento / limiting operating condition / condition limite de fonctionnement

Condição de funcionamento extrema que um instrumento de medição ou sistema de medição suporta sem avaria e sem degradação das propriedades metrológicas logo que volta a ser utilizado nas suas condições estipuladas de funcionamento.

NOTAS

1) As condições limites de funcionamento podem ser diferentes para armazenagem, transporte e funcionamento.

2) As condições limites de funcionamento podem incluir valores limite para a grandeza a medir e para as grandezas de influência.

condição de funcionamento de referência / reference operating condition / condition de fonctionnement de référence

condição de referência / reference condition / condition de référence

Condição de funcionamento estabelecida para avaliar o desempenho de um instrumento de medição ou sistema de medição ou para comparar resultados de medição.

NOTAS

1) As condições de funcionamento de referência especificam intervalos de valores do mensurando e das grandezas de influência.

2) Na IEC 60050-300, item 311-06-02, o termo "condição de referência" (reference condition) refere-se a uma condição de funcionamento na qual a incerteza instrumental especificada é a menor possível.

sensibilidade de um sistema de medição / sensitivity of a measuring system ou sensitivity / sensibilité

Quociente da variação de uma indicação de um sistema de medição pela correspondente variação do valor da grandeza medida.

NOTAS

1) A sensibilidade de um sistema de medição pode depender do valor da grandeza a medir.

2) A variação do valor da grandeza a medir deve ser maior do que a resolução.

seletividade de um sistema de medição / selectivity of a measuring system ou selectivity / sélectivité

Propriedade de um sistema de medição, utilizado com um procedimento de medição especificado, segundo a qual o sistema fornece valores medidos para um ou vários mensurandos, tal que os valores de cada mensurando sejam independentes uns dos outros ou de outras grandezas associadas ao fenômeno, corpo ou substância em estudo.

Exemplos

a) Capacidade de um sistema de medição, composto por um espectrômetro de massa, para medir a relação das correntes iônicas produzidas por dois compostos especificados sem distúrbio de outras fontes especificadas de corrente elétrica.

b) Capacidade de um sistema de medição para medir a potência de um componente de um sinal de uma dada frequência sem perturbação de outros componentes do sinal ou de sinais de outras frequências.

c) Capacidade de um receptor para separar um sinal desejado de outros indesejados que têm, muitas vezes, frequências ligeiramente diferentes da do sinal desejado.

d) Capacidade de um sistema de medição de radiações ionizantes para responder a uma dada radiação a medir na presença de outras radiações concomitantes.

e) Capacidade de um sistema de medição para medir a concentração de quantidade de substância de creatinina no plasma sanguíneo por um procedimento de Jaffé, sem influência das concentrações de glucose, urato, cetona ou proteína.

f) Capacidade de um espectrômetro de massa para medir a abundância de quantidade de substância do isótopo ^{28}Si *e do isótopo* ^{30}Si *no silício proveniente de um depósito geológico sem interferência entre eles ou do isótopo* ^{29}Si*.*

NOTAS

1) Em física, há frequentemente apenas um só mensurando; as outras grandezas da mesma natureza do mensurando são grandezas de entrada para o sistema de medição.

2) Em química, as grandezas medidas implicam frequentemente diferentes constituintes no sistema de medição em curso e essas grandezas não são necessariamente da mesma natureza.

3) Em química, a seletividade de um sistema de medição é geralmente obtida para grandezas associadas a constituintes selecionados, para concentrações em intervalos determinados.

4) O conceito de seletividade em física é um conceito próximo de especificidade, tal como este é utilizado em química.

resolução / resolution / résolution

A menor variação numa grandeza a medir que provoca uma variação perceptível na correspondente indicação.

NOTA: A resolução pode depender, por exemplo, do ruído (interno ou externo) ou do atrito. Pode também depender do valor da grandeza a medir.

resolução de um dispositivo mostrador / resolution of a displaying device / résolutiond'um dispositif afficheur

A menor diferença entre indicações que pode ser distinguida significativamente.

limiar de mobilidade / discrimination threshold / seuil de discrimination ou seuil de mobilité ou mobilité

A maior variação no valor de uma grandeza a medir que não causa variação detectável na correspondente indicação.

NOTA: O limiar de mobilidade pode depender, por exemplo, do ruído (interno ou externo) ou do atrito. Pode também depender do valor da grandeza a medir ou da forma como a variação é aplicada.

zona morta / dead band / zone morte

Máximo intervalo no interior do qual se pode fazer variar nos dois sentidos o valor da grandeza a medir sem provocar alteração detectável na correspondente indicação.

NOTA: A zona morta pode depender da taxa de variação.

limite de detecção / detection limit ou limit of detection / limite de détection

Valor medido, obtido segundo um determinado procedimento de medição, para o qual a probabilidade de se declarar falsa a ausência de um constituinte num material é β, para uma probabilidade α de se declarar falsa a sua presença.

NOTAS

1) A IUPAC recomenda valores por defeito iguais a 0,05 para α e β.

2) Em inglês, usa-se por vezes a abreviatura LOD.

3) O termo "sensibilidade" é desencorajado no sentido de limite de detecção.

estabilidade de um instrumento de medição / stability of a measuring instrument ou stability / stabilité ou constance

Propriedade de um instrumento de medição cujas propriedades metrológicas permanecem constantes no tempo.

NOTA: A estabilidade pode ser expressa quantitativamente de diversas formas.

Exemplos

a) Pela duração do intervalo de tempo no qual uma propriedade metrológica se altera de um valor determinado.

b) Pela variação de uma propriedade num determinado intervalo de tempo.

tendência instrumental / instrumental bias / biais instrumental ou erreur de justesse d'un instrument

Diferença entre a média das indicações repetidas e o valor de referência.

deriva instrumental / instrumental drift / dérive instrumentale

Variação contínua ou incremental da indicação no tempo, devido à variação das propriedades metrológicas de um instrumento de medição.

NOTA: A deriva instrumental não é por causa da variação da grandeza medida nem da variação de uma grandeza de influência identificada.

variação devido a uma grandeza de influência / variation due to an influence quantity / variation due à une grandeur d'influence

Diferença entre as indicações que correspondem a um mesmo valor medido, ou entre os valores fornecidos por uma medida materializada, quando uma grandeza de influência assume sucessivamente dois valores diferentes.

tempo de resposta a um degrau / step response time / temps de réponse à un échelon

Duração entre o instante em que o valor de entrada de um instrumento de medição ou sistema de medição é submetido a uma alteração brusca entre dois valores constantes especificados e o instante em que a indicação correspondente se mantém entre limites especificados em torno do valor final em regime estável.

incerteza de medição instrumental / instrumental measurement uncertainty / incertitude instrumentale
incerteza instrumental

Componente da incerteza de medição proveniente do instrumento de medição ou sistema de medição em uso.

NOTAS

1) A incerteza de medição instrumental é obtida pela calibração do instrumento de medição ou sistema de medição, exceto para um padrão primário em que são usados outros meios.

2) A incerteza de medição instrumental é usada numa avaliação de tipo B da incerteza de medição.

3) As informações relativas à incerteza instrumental podem ser dadas nas especificações do instrumento.

classe de exatidão / accuracy class / classe d'exactitude

Classe dos instrumentos de medição ou sistemas de medição que satisfazem certas exigências metrológicas destinadas a manter os erros de medição ou as incertezas de medição instrumentais dentro de limites especificados nas condições estipuladas de funcionamento.

NOTAS

1) Uma classe de exatidão é usualmente indicada por um número ou um símbolo adotado por convenção.

2) As classes de exatidão também se aplicam a medidas materializadas.

erro máximo admissível / maximum permissible measurement error ou maximum permissible error ou limit of error / erreur maximale tolérée ou limite d'erreur

Valor extremo do erro de medição, em relação a um valor de referência conhecido, que é admissível em especificações ou regulamentos para uma dada medição, instrumento de medição ou sistema de medição.

NOTAS

1) Usualmente, os termos "erros máximos admissíveis", "erros máximos permissíveis", "erros máximos tolerados" ou "limites de erro" são utilizados onde há dois valores extremos.

2) O termo "tolerância" não deve ser usado para designar "erro máximo admissível".

erro no ponto de controle / datum measurement error ou datum error / erreur au point de controle

Erro de medição de um instrumento de medição ou sistema de medição num valor medido especificado.

erro no zero / zero error / erreur à zero

Erro no ponto de controle quando o valor medido especificado é zero.

NOTA: O "erro no zero" não deve confundir-se com a ausência de erro de medição.

incerteza de medição no zero / null measurement uncertainty / incertitude de mesure à zero

Incerteza de medição quando o valor medido especificado é zero.

NOTA

1) A incerteza de medição no zero está associada a uma indicação zero ou próxima de zero e abrange o intervalo em que se desconhece se o valor do mensurando é pequeno demais para ser detectado ou se a indicação do instrumento de medição é resultante do ruído.

2) O conceito de "incerteza de medição no zero" também se aplica quando se obtém uma diferença na medição de uma amostra e a de um branco.

diagrama de calibração / calibration diagram / diagramme d'étalonnage

Representação gráfica da relação entre a indicação e o correspondente resultado de medição.

NOTAS

1) Um diagrama de calibração é a região do plano compreendida entre os eixos da indicação e do resultado de medição que representa a relação entre a indicação e um conjunto de valores medidos. Corresponde a uma relação multívoca; a largura da região para uma dada indicação fornece a incerteza instrumental.

2) Outras formas de expressão desta relação incluem a curva de calibração e a incerteza de medição associada, uma tabela de calibração ou um conjunto de funções.

3) O conceito é relativo a uma calibração em que a incerteza de medição instrumental é grande comparada com as incertezas de medição associadas aos valores dos padrões.

curva de calibração / calibration curve / courbe d'étalonnage

Expressão da relação entre uma indicação e o correspondente valor medido.

NOTA: Uma curva de calibração exprime uma relação biunívoca que não fornece um resultado de medição, uma vez que não contém informação sobre a incerteza de medição.

PADRÕES DE MEDIÇÃO

padrão / measurement standard / étalon

padrão de medição / etalon / ---

Realização da definição de uma dada grandeza, com um valor determinado e associado a uma incerteza de medição, tomado como referência.

Exemplos

a) Massa padrão de 1 kg com uma incerteza padrão de medição associada de 3 μg.

b) Resitor padrão de 100 Ω com uma incerteza padrão de medição associada de 1 $\mu\Omega$.

c) Padrão de frequência de césio com uma incerteza padrão relativa de medição associada de 2×10^{-15}.

d) Solução tampão de referência com um pH de 7,072 e com uma incerteza padrão de medição associada de 0,006.

e) Conjunto de soluções de referência de cortisol no soro humano com um valor certificado e uma incerteza padrão de medição para cada solução.

f) Material de referência fornecendo valores da grandeza com incertezas de medição para a concentração em massa para cada uma de dez proteínas diferentes.

NOTAS

1) A "realização de uma definição de uma dada grandeza" pode ser fornecida por um sistema de medição, uma medida materializada ou um material de referência.

2) Um padrão de medição é frequentemente usado como uma referência no estabelecimento de valores medidos da grandeza e de incertezas de medição associadas para outras grandezas da mesma natureza, estabelecendo assim a rastreabilidade metrológica através de calibração de outros padrões, instrumentos de medição ou sistemas de medição.

3) O termo "realização" é usado aqui no sentido geral. Pode-se considerar três processos de "realização". O primeiro, *stricto sensu,* consiste na realização física da definição da unidade de medida. O segundo, a "reprodução", consiste não na realização da unidade a partir da sua definição, mas no estabelecimento de um padrão reprodutível baseado num fenômeno físico, como é o caso de um laser de frequência estabilizada para reproduzir o metro, ou o efeito de Josephson para o volt ou o efeito quântico de Hall para o ohm. O terceiro processo, "adoção", consiste na adoção de uma medida materializada como padrão, como é o caso do padrão de 1 kg.

4) A incerteza padrão associada a um padrão é sempre uma componente da incerteza padrão combinada (ver GUM: 1995, 2.3.4) num resultado de medição obtido usando o padrão. Frequentemente, essa componente é pequena comparada com outras componentes da incerteza padrão combinada.

5) O valor da grandeza e a incerteza de medição devem ser determinados no momento em que o padrão é utilizado.

6) Várias grandezas da mesma natureza ou de naturezas diferentes podem ser realizadas por meio de um único dispositivo, também denominado "padrão".

7) Em inglês, a palavra "embodiment" é por vezes usada no lugar de "realization" (realização).

8) Na ciência e tecnologia, a palavra inglesa "standard" é usada com pelo menos dois significados diferentes: como documento normativo escrito, tal como norma, especificação, recomendação técnica ou documento similar (em francês "norme" e em português "norma") e como padrão de medição (em francês "étalon"). Neste Vocabulário, tratamos apenas do segundo significado.

9) O termo "padrão" é por vezes usado para designar outras ferramentas metrológicas, por exemplo, programa informático padrão' ("software measurement standard"). Ver ISO 5432-2.

padrão de medição internacional / international measurement standard / étalon international

Padrão reconhecido pelos signatários de um acordo internacional e destinado à utilização mundial.

Exemplos

a) O protótipo internacional do kilograma.

b) Gonadotrofina coriônica, 4º padrão internacional da Organização Mundial da Saúde (OMS), 1999, 75/589, 650 unidades internacionais por ampola.

c) Água oceânica média normalizada de Viena VSMOW2 (Vienna Standard Mean Ocean Water) distribuída pela Agência Internacional de Energia Atômica (AIEA) para medições das relações molares diferenciais de isótopos estáveis.

padrão nacional / national measurement standard ou national standard / étalon national

Padrão reconhecido por uma entidade nacional para servir de referência num Estado ou economia, na atribuição de valores a outros padrões de grandezas da mesma natureza.

padrão primário / primary measurement standard ou primary standard / étalon primaire

Padrão estabelecido por um procedimento de medição primário ou criado como artefato escolhido por convenção.

Exemplos

a) Padrão primário de concentração de quantidade de substância preparado por diluição de uma quantidade de substância conhecida de um constituinte químico num volume de solução conhecido.

b) Padrão primário de pressão baseado em medições separadas de força e de área.

c) Padrão primário para a medição da relação molar de isótopos, preparada pela mistura de quantidades de substância conhecidas de isótopos especificados.

d) Padrão primário de temperatura termodinâmica, constituído por uma célula do ponto triplo da água.

e) O protótipo internacional do kilograma como um artefato escolhido por convenção.

padrão secundário / secondary measurement standard ou secondary standard / étalon secondaire

Padrão estabelecido por intermédio de uma calibração com um padrão primário para uma grandeza da mesma natureza.

NOTAS

1) A calibração pode ser obtida diretamente entre o padrão primário e o padrão secundário ou envolver um sistema de medição intermediário, calibrado pelo padrão primário que atribua um resultado de medição ao padrão secundário.

2) Um padrão cujo valor seja atribuído por um procedimento de medição primário de relação é um padrão secundário.

padrão de medição de referência / reference measurement standard ou reference standard / étalon de référence

Padrão de medição concebido para a calibração de outros padrões de grandezas da mesma natureza numa dada organização ou num dado local.

padrão de medição de trabalho / working measurement standard ou working standard / étalon de travail

Padrão de medição que é usado correntemente para calibrar ou verificar instrumentos de medição ou sistemas de medição.

NOTAS

1) Um padrão de medição de trabalho é geralmente calibrado com um padrão de medição de referência.

2) Um padrão de medição de trabalho destinado à verificação é também designado por "padrão de verificação / check standard / étalon de verification" ou "padrão de controle / control standard / étalon de controle".

padrão de medição itinerante / travelling measurement standard ou travelling standard / étalon voyageur

Padrão de medição, por vezes de construção especial, previsto para ser transportado entre diferentes locais.

Exemplo: *Padrão de frequência de césio 133, portátil e alimentado por baterias.*

dispositivo de transferência / transfer device / dispositif de transfert

Dispositivo usado como intermediário na comparação de padrões.

NOTA: Por vezes, os padrões são usados como dispositivos de transferência.

padrão de medição intrínseco / intrinsic measurement standard ou intrinsic standard / étalon intrinsèque

Padrão de medição baseado numa propriedade inerente e reprodutível de um fenômeno ou substância.

Exemplos

a) Célula do ponto triplo da água como padrão de medição intrínseco de temperatura termodinâmica.

b) Padrão de medição intrínseco de diferença de potencial elétrico baseado no efeito Josephson.

c) Padrão de medição intrínseco de resistência elétrica baseado no efeito quântico de Hall.

d) Amostra de cobre como padrão de medição intrínseco de condutividade elétrica.

NOTAS

1) O valor de um padrão de medição intrínseco é atribuído por consenso e não requer o estabelecimento de uma relação com outro padrão do mesmo tipo. A sua incerteza de medição é determinada tomando em conta duas componentes: a primeira associada ao seu valor de consenso e a segunda associada à sua construção, implementação e manutenção.

2) Um padrão de medição intrínseco geralmente consiste num sistema preparado de acordo com os requisitos de um procedimento consensual e submetido à verificação periódica. O procedimento de consenso pode incluir orientações para aplicar as correções necessárias à implementação.

3) Os padrões de medição intrínsecos baseados em fenômenos quânticos têm geralmente uma estabilidade excepcional.

4) O adjetivo "intrínseco" não significa que o padrão pode ser implementado e usado sem cuidados especiais ou que esteja protegido contra efeitos internos ou externos.

conservação de um padrão de medição / conservation of a measurement standard / conservation d'un étalon
conservação de um padrão / maintenance of a measurement standard / maintenance d'um étalon

Conjunto de operações necessárias à preservação das propriedades metrológicas de um padrão dentro de determinados limites.

NOTA: A conservação inclui a verificação periódica de propriedades metrológicas predefinidas ou a calibração, armazenagem em condições adequadas e cuidados especiais na sua utilização.

calibrador / calibrator / ---

Padrão de medição usado na calibração.

NOTA: Em inglês, o termo "calibrator" só é usado em determinadas áreas.

material de referência / reference material / matériau de référence
MR / RM / MR

Material suficientemente homogêneo e estável em relação a determinadas propriedades, que foi preparado para uma utilização prevista numa medição ou para o exame de propriedades qualitativas.

NOTAS

1) O exame de uma propriedade qualitativa compreende a atribuição de um valor e de uma incerteza associada, que não é uma incerteza de medição.

2) Materiais de referência com ou sem valores atribuídos podem servir para controlar a precisão de medição, enquanto apenas os materiais de referência com valores atribuídos servem para a calibração ou para o controle da veracidade de medição.

3) Os materiais de referência compreendem materiais caracterizados por grandezas e por propriedades qualitativas.

Exemplos

1) Exemplos de materiais de referência caracterizados por grandezas:

a) água de pureza determinada, cuja viscosidade dinâmica é utilizada para a calibração de viscosímetros;

b) soro humano sem valor atribuído para a concentração de quantidade de substância de colesterol intrínseco, utilizado apenas para o controle da precisão de medição;

c) tecido de peixe com uma fração mássica determinada de dioxina, utilizado como padrão numa calibração.

2) Exemplos de materiais de referência caracterizados por propriedades qualitativas:

a) paleta de cores indicando uma ou mais cores especificadas;

b) DNA contendo uma sequência especificada de nucleotídeos;

c) urina contendo 19-androstenediona.

4) Um material de referência pode ser, por vezes, incorporado a um dispositivo especialmente fabricado.

Exemplos

a) Substância cujo ponto triplo é conhecido numa célula de ponto triplo.

b) Vidro de conhecida densidade óptica num suporte de filtro de transmissão.

c) Esferas de granulometria uniforme colocadas numa lâmina de microscópio.

5) Alguns materiais de referência têm valores atribuídos metrologicamente rastreáveis a uma unidade de medida fora de um sistema de unidades. Esses materiais abrangem vacinas cujas Unidades Internacionais (UI) foram atribuídas pela Organização Mundial da Saúde (OMS).

6) Numa dada medição, um certo material de referência só pode ser usado ou para calibração ou para garantia da qualidade.

7) As especificações de um material de referência devem incluir a sua rastreabilidade indicando a origem e o seu tratamento (Accred. Qual. Assur.:2006).

8) A definição do ISO/REMCO é análoga, mas utiliza o termo "processo de medição" (measurement process) para significar "exame" (ISO 15189:2008, 3.4), que abrange simultaneamente a medição da grandeza e o exame de uma propriedade qualitativa.

material de referência certificado / certified reference material / matériau de référence certifié
MRC / CRM / MRC

Material de referência acompanhado de documentação emitida por uma entidade qualificada fornecendo valores de uma ou mais propriedades especificadas e as incertezas e rastreabilidades associadas, usando procedimentos válidos.

Exemplo: *Soro humano com valor atribuído para a concentração de colesterol e a incerteza associada, num certificado que o acompanha e usado como padrão numa calibração ou como material de controle da veracidade.*

NOTAS

1) A "documentação" dever ter a forma de um ‘certificado’ (ver o ISO Guide 31:2000).

2) Nos Guias ISO 34 e 35, por exemplo, são exemplificados procedimentos válidos para a produção e certificação de materiais de referência certificados.

3) Nesta definição, o termo "incerteza" engloba uma incerteza de medição e uma incerteza associada ao valor de uma propriedade qualitativa, tal como a identidade e a sequência. O termo rastreabilidade pode designar ambos “rastreabilidade metrológica do valor de uma grandeza” e “rastreabilidade do valor de uma propriedade qualitativa”.

4) Os valores de grandezas especificados nos materiais de referência certificados exigem a rastreabilidade metrológica com uma incerteza de medição associada (ver Accred. Qual. Assur.:2006).

5) A definição do ISO/REMCO é análoga (Accred. Qual. Assur.:2006), mas utiliza "metrológico" (“metrological” and “metrologically”) tanto para uma grandeza como para uma propriedade qualitativa.

comutatividade de um material de referência / commutability of a reference material / commutabilité d'un matériau de référence

Propriedade de um material de referência, que exprime a aproximação, por um lado, da relação entre os resultados de medição obtidos para uma grandeza determinada desse material, usando dois procedimentos de medição, e, por outro lado, da relação entre os resultados da medição para outros materiais especificados.

NOTAS

1) O material de referência em questão é geralmente um padrão e os outros materiais especificados são amostras de rotina.

2) Os procedimentos de medição referidos na definição são o que precede e o que se segue ao material de referência em questão utilizado como padrão numa hierarquia de calibração (ver ISO 17511).

3) A estabilidade de um material de referência comutável deve ser verificada regularmente.

dado de referência / reference data / donnée de référence

Dado relacionado com uma propriedade de um fenômeno, de um corpo ou substância ou de um sistema de constituintes, cuja composição ou estrutura é conhecida, obtido a partir de uma fonte identificada, avaliado de forma crítica e de exatidão verificada.

Exemplo: *Dados de referência relativos à solubilidade de compostos químicos, publicados pela IUPAC.*

NOTAS

1) Na definição, o termo "exatidão" tanto pode designar a exatidão de medição como a exatidão do valor de uma propriedade qualitativa.

2) Em inglês "data" é uma forma plural e é correntemente utilizada no lugar do singular "datum".

dado de referência normalizado / standard reference data / donnée de référence normalisée

Dado de referência emitido por uma determinada entidade reconhecida.

Exemplos

a) Valores das constantes físicas fundamentais, avaliadas e regularmente recomendadas pela CODATA do ICSU.

b) Valores das massas atômicas relativas também conhecidas como valores de pesos atômicos dos elementos, tais como avaliados a cada dois anos pelo IUPAC-CIAAW na Assembleia Geral da IUPAC e publicados no Pure Appl. Chem.

valor de referência de uma grandeza / reference quantity value ou reference value / valeur de référence

Valor de uma grandeza utilizado como base para comparação com valores de grandezas da mesma natureza.

NOTAS

1) O valor de referência pode ser o valor verdadeiro de um mensurando, sendo neste caso desconhecido, ou o valor convencional, sendo neste caso conhecido.

2) Um valor de referência associado à sua incerteza de medição refere-se normalmente a:

a) um material, por exemplo, um material de referência certificado;

b) um dispositivo, por exemplo, um laser estabilizado;

c) um procedimento de medição de referência;

d) uma comparação de padrões.

ANOTAÇÕES

Apêndice B

AJUSTE DA PERIODICIDADE DAS CALIBRAÇÕES

MÉTODO DE SCHUMACHER

O método de Schumacher consiste na utilização de alguns conceitos e tabelas que relacionam o comportamento do instrumento em calibrações anteriores e o seu intervalo de calibrações.

Primeiramente é necessário classificar os instrumentos conforme as condições em que se encontram, levando-se em consideração a ficha histórica na qual são registradas as condições das revalidações.

Nas fichas utilizam-se as notações:

- ***A*** (Avaria): designa problema que possa prejudicar um ou mais parâmetros do instrumento.
- ***C*** (Conforme): designa conformidade comprovada durante a revalidação.
- ***F*** (Fora de exatidão - não conforme): o instrumento funciona bem, mas fora da exatidão especificada.

Com as informações obtidas nas fichas com o histórico do instrumento, fica intuitivo notar que uma sequência de C (conforme) indica que a periodicidade da calibração pode ser aumentada.

Também uma sequência de A (avaria) ou F (fora) é um indício de problemas e neste caso a periodicidade da calibração pode ser diminuída.

Então, como funciona o método?

Inicialmente tomaremos como base a condição de recebimento do equipamento e suas duas ou três calibrações anteriores:

- **D** = Indica que o período deve diminuir.
- **E** = Indica que o período deve aumentar (estender).

- **P** = Indica caso duvidoso, e o período não deve ser alterado (permanece).
- **M** = Indica que a redução do período deve ser a máxima possível.

TABELA 1 - CLASSIFICAÇÃO

Calibrações Anteriores	**Condição de Recebimento**		
	A	**F**	**C**
CCC	P	D	E
FCC	P	D	P
ACC	P	D	E
CF	M	M	P
CA	M	M	P
FC	P	M	P
FF	M	M	P
FA	M	M	P
AC	P	D	P
AF	M	M	P
AA	M	M	P

a. Com o resultado da tabela 1, definindo se a periodicidade permanece, aumenta ou diminui, consulta-se a tabela de ajuste seguinte (tabela 2) e determina-se o novo período de calibração do instrumento.

TABELA 2 - AJUSTE

Intervalo atual (dias)	**Intervalo sugerido (dias)**			
	D	**E**	**P**	**M**
35	28	49	35	28
42	35	56	42	35
49	42	63	49	35
56	49	70	56	75
63	56	77	63	42
70	63	91	70	42
77	70	98	77	49

Intervalo atual (dias)	**Intervalo sugerido (dias)**			
	D	**E**	**P**	**M**
203	182	231	203	140
210	189	245	210	140
217	196	252	217	147
224	203	259	224	147
231	210	266	231	154
238	217	273	238	161
245	224	280	245	161

Intervalo atual (dias)	Intervalo sugerido (dias)			
	D	E	P	M
84	77	105	84	49
81	84	112	91	56
98	91	119	98	56
105	98	126	105	63
112	98	133	112	70
119	105	140	119	77
126	112	147	126	84
133	119	154	133	84
140	126	168	140	91
147	133	175	147	98
154	140	182	154	98
161	147	189	161	105
168	154	196	168	105
175	161	203	175	112
182	161	210	182	119
189	168	217	189	126
196	175	224	196	133

Intervalo atual (dias)	Intervalo sugerido (dias)			
	D	E	P	M
252	224	287	252	168
259	231	294	259	168
266	238	301	266	168
273	245	308	273	168
280	252	315	280	175
287	259	322	287	175
294	266	329	294	175
301	273	336	301	175
308	280	343	308	182
315	287	343	315	182
322	287	350	322	182
329	294	350	329	182
336	301	357	336	189
343	308	357	343	189
350	315	364	350	189
357	322	364	357	189
364	329	364	364	189

Toda vez que a periodicidade da calibração é alterada, o programa de gerenciamento do instrumento precisa ser atualizado. A redução máxima permitida é de 28 dias. Abaixo deste valor o instrumento deve ser retirado de uso.

Exemplos diversos

1. Um multímetro é calibrado a cada seis meses (182 dias). Durante as três últimas calibrações, o instrumento foi aprovado, mantendo as suas características conforme o critério de aceitação estabelecido. Como o intervalo pode ser alterado?

Da tabela 1, o intervalo deve ser aumentado (E).

Da tabela 2, na linha 182 e coluna E, obtêm-se 210 dias.

2. O mesmo multímetro veio com a calibração não conforme. Qual é o novo intervalo?

Da tabela 1, linha CCC e coluna F, obtém-se a informação que o intervalo deve ser diminuído (D).

Voltando à tabela 2, linha 182 e coluna D, obtêm-se 161 dias.

Apêndice C

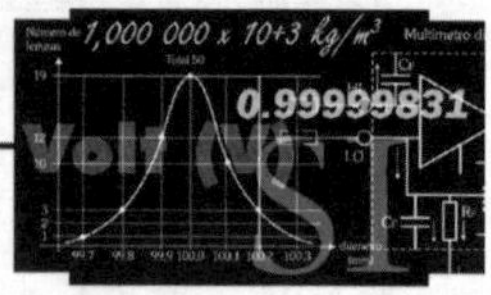

EXERCÍCIOS PROPOSTOS

1. No final do mês de outubro/2011, nasceu em Manila, nas Filipinas, o bebê de número 7 bilhões. Qual alternativa é correta?

   a) Esta informação afirma que no instante do nascimento do bebê a população mundial era de exatamente 7.000.000.000 de habitantes.

   b) O valor 7 bilhões é apenas informativo, dando uma ordem de grandeza do número de habitantes, podendo ser usado ainda por alguns anos.

   c) Como há uma estimativa de que nascem 250 bebês por minuto, vale afirmar que um minuto após o bebê 7 bilhões ter nascido, a população era exatamente 7.000.000.250 habitantes.

   d) As afirmações anteriores não estão corretas porque não foram consideradas as mortes no mesmo instante.

2. Como é possível escrever o número 3200 com quatro algarismos significativos?

   a) 3200

   b) $0{,}32 \times 10^4$

   c) $3{,}2 \times 10^3$

   d) $3{,}200 \times 10^3$

3. Uma haste de aço padrão com dimensão 25 mm foi medida com um paquímetro centesimal e colada com outra haste de dimensão 25,0012 mm. O comprimento total é:

   a) 50,0012 mm

   b) 50,001 mm

   c) 50,00 mm

   d) 50,0 mm

4. A escolha apropriada de um múltiplo ou submúltiplo de uma unidade (prefixo SI) para expressar o valor de uma grandeza depende de alguns fatores como:

- facilidade de entendimento
- explicitar os algarismos significativos
- adequação ao campo da ciência e tecnologia

Qual das opções a seguir está errada:

a) Na expressão l = 3200 m não é possível afirmar se os dois zeros são significativos ou se apenas indicam a magnitude do valor numérico de l.

b) Na expressão l = 3,200 km os dois zeros são significativos.

c) Na expressão l = 3200 m, se os dois zeros não são significativos, então devemos escrever l = 3,2 km.

d) Se as dimensões de um objeto são 15 mm × 5 mm × 0,05 mm, então é preferível escrever 15 mm × 5 mm × 50 μm.

5. Certas grandezas, tal como o índice de refração, são definidas como a relação entre duas grandezas mutuamente comparáveis (idênticas), portanto são de dimensão 1.

Qual das afirmações a seguir está correta:

a) O ângulo plano cuja unidade SI é o radiano (rad) tem dimensão 1.

b) Para usar os prefixos SI com as unidades 1, basta escrever omitindo a unidade porque subtende-se que ela é 1. Assim, se $u_r = 1{,}2 \times 10^{-6}$, então posso escrever $u_r = 1{,}2\ \mu$.

c) A sensibilidade de uma célula de carga é C_N = 2 mV / V. A notação correta seria C_N = 2 m.

d) O SI é um sistema de unidades, portanto é uma incoerência o uso de grandezas com unidade 1.

e) Unidade adimensional é unidade sem dimensão.

6. A definição SI da corrente elétrica cita condutores de seção transversal desprezível e comprimento infinito. Podemos concluir que:

a) A definição está confusa porque condutor com seção transversal desprezível fisicamente não existe.

b) A dificuldade de reproduzir o ampere a partir da definição é que, para esticar o condutor até o infinito, ele quebra com o próprio peso.

c) Há outros meios de reproduzir o ampere, por exemplo, com padrões intrínsecos.

d) O ampere é a única unidade que não é possível reproduzir em laboratório.

7. O protótipo internacional do kilograma tem as dimensões bem definidas, que minimizam sua área e volume. Podemos concluir que:

a) 1 kg é sempre 1 kg não importa de quê.

b) Se fabricar um padrão de 1 kg feito de ferro fundido e um padrão de 1 kg feito de alumínio, ajustá-los e calibrá-los no vácuo, então posso usá-los sem problemas de correções porque foram submetidos às mesmas condições.

c) Uma esfera oca de ouro foi pesada em uma balança analítica, logo após foi derretida para a confecção de uma barra. O joalheiro fabricou e pesou a barra, porém retirou um pouco do ouro para obter o mesmo peso.

d) Peso e massa são a mesma coisa.

8. Qual o componente do erro de medição que varia de forma previsível?

a) O erro grosseiro

b) O erro aleatório

c) O erro sistemático

d) O erro repetitivo

9. A impedância de entrada de um ohmímetro digital é 10 MΩ para todas as faixas. Qual o erro da indicação se for medido um resistor padrão de 100 kΩ?

a) –5 %

b) –1 %

c) 0,09 %

d) 0,0 %

10. Qual a resolução de um multímetro digital de 6 ½ dígitos na faixa de 1000 V? Em quantos volts esta resolução contribui para a incerteza de medição?